問題・予想・原理の数学 | 4

代数的差分方程式

差分体の応用

加藤文元・野海正俊 編 　 西岡斉治 著

数学書房

編　者

野海正俊
神戸大学

加藤文元
東京工業大学

シリーズ刊行にあたって

　昨今，大学教養課程以上程度の専門的な数学をもわかりやすく解説する〈入門書〉が多く出版されるようになり，内容的にも充実してきたと思う．そのような中にあって，理論の概略や枠組みを提示するだけでなく，そもそもの動機は何であったのか，あるいはその理論の研究を推進している原動力は何なのか，といった観点から書かれた本のシリーズを作りたい．パッケージ化され製品化された無重力状態の理論を展開するだけでなく，そこに主体的に関わる研究者達の目線から，理論の魅力が情熱的に語られるようなもの．「小説を読むように」とまでは期待できないにしても，単なる〈入門書〉や〈教科書〉ではなく，その分野の中でどのような問題・予想が基本的なものとして取り組まれ，さらにはそれに取り組んできた，あるいは現在でも取り組んでいる研究者たちの仕事・アイデア・気持ち・そして息遣いまでもが伝わるような「物語性」を込めた内容を目指したい．このような思いからシリーズ『問題・予想・原理の数学』の刊行を計画し，気鋭の研究者たちに執筆を依頼した．このシリーズを通して，数学の深層にも血の通った領域をいくつも見出し，さらなる魅力的な高みを感じ取られんことを願う．

　2015 年 11 月　　　　　　　　　　　　　　　　　　　　　編　者

はじめに

　不定積分を求めたり，微分方程式を求積法により求める計算は代数的である．また，解としてしばしば現れる有理型関数（あるいは代数型関数）の全体は体の構造をもつ．微分方程式のこのような代数的な面に着目して研究するとき，微分代数が役に立つ．一方，差分方程式にも求積法に対応するものがあり，また差分方程式によって新しい有理型関数を定義することも古くから行われてきた（第2章）．微分代数の差分版である差分代数が登場するのは自然なことといえる．

　本書では，差分代数に入る前に，微分代数の初歩を通して考え方に馴染んでおく．選んだ題材は，指数関数や三角関数等の超越性と，$\exp(-x^2)$ の不定積分が計算できないことの2点である（第1章）．指数関数 e^x の超越性とは，$P(e^x) = 0$ となる有理関数係数多項式 $P(X) \neq 0$ が存在しないということである．これを指数関数がみたす代数的（線形）微分方程式 $y' = y$ から導く．関数の超越性は差分代数でも基本となる．不定積分については Liouville の定理が知られている．大雑把にいえば，関数 $g(x)$ の不定積分が初等関数で表されるなら，

$$\int g(x)dx = \sum_{i=1}^{n} c_i \log u_i(x) + v(x) + c$$

となる．ここで，$u_i(x), v(x)$ は x と $g(x), g'(x), \cdots$ の有理式であり，c_i, c は定数である．この定理は Rosenlicht により完全に微分代数化されており，本書で紹介する証明は初等的な代数のみを用いる．

　微分代数では，環 R とその上で定義された微分を表す写像 D の組である微分環 (R, D) について，拡大，同型，イデアル等を扱う．R は関数の集合であったり，不定元のような関数でないものも属していたりする．差分代数では，微分の代わりに変換作用素 τ を組み合わせて差分環 (R, τ) とする．変換作用素の例として

$$\tau(f(x)) = f(x+1), \quad \tau(f(t)) = f(qt), \quad \tau(f(x)) = f(x^d) \ (d \in \mathbb{Z}_{>1})$$

などがある．前の2つは (q-)shift operator と呼ばれているものに相当する．ただし，定義では変換作用素は「R から R の中への同型（単射自己準同型）」で

iii

しかないため，かなり自由である．変換作用素と四則演算からなる方程式を代数的差分方程式ということにしよう．通例，q-shift operator の場合は q 差分方程式，第 3 例の場合は Mahler 型という．

差分方程式をみたす関数の超越性は，例えばガンマ関数なら代数的（線形）差分方程式 $\Gamma(x+1) = x\Gamma(x)$ から，チャカロフ関数 $T_q(t)$ なら q 差分方程式 $T_q(qt) = 1 + tT_q(t)$ から導かれる（第 4 章）．また，Liouville の定理の差分版として，Karr の構造定理が知られている（第 5 章）．

常微分方程式を学んでいると，Riccati 方程式の求積が登場する．この 1 階代数的微分方程式は，解を 1 つ知っていれば 1 階線形微分方程式に帰着されるが，一般には求積不可能（非可解）である．Airy 方程式（とその Riccati 化）の非可解性がよく知られている．同様の議論は差分方程式でも行える．実際，Riccati 方程式には差分版があり，Airy 方程式にも q-Airy 方程式という q 差分版がある．これらの非可解性が第 6 章の内容である．なお，常微分方程式の可解性は微分体の Liouville 拡大により解釈され，また，線形微分方程式の場合はガロワ理論の一種である Picard-Vessiot 理論と関連付けることもできる．差分方程式では Franke による類似の拡大を用いるが，Franke の差分 Picard-Vessiot 理論と第 8 章の van der Put と Singer による差分 Picard-Vessiot 理論は別物であるので注意してほしい．

階数が 2 以上になると，およそ解けるものではない．それでも線形に帰着すれば解けた気分になれるかもしれない．また，2 階の方程式が 1 階の方程式に帰着するなど，階数が 1 つでも下がれば，難しさが 1 段下がったと捉えられる．Painlevé 第 1 方程式と呼ばれる 2 階常微分方程式 $y'' = 6y^2 + x$ に対しても，この種の問題が提起され，この方程式は階数低下せず，線形微分方程式にも帰着しないという結論に至った．簡単にならないという意味で既約性という．そして Painlevé 方程式にも差分版が登場し，その既約性が期待された．本書では q-P(A_7) で参照される差分 Painlevé 方程式の 1 つを例として，既約性に関する議論を紹介する（第 7 章）．

差分代数の教科書というと，Cohn [4]，van der Put-Singer [41]，Levin [13] が挙げられる．本書はこれらの書物とは趣が異なり，理論よりも基礎的な事柄

にもとづく応用例が中心である．本書を読み始める上では代数の基本を前提とする．ガロワ理論は前提とせず，一部に正規性を用いるのみである．1 変数代数関数体については，とりあえず認めてしまって良いと思う．

　本書で初等的な問題を理解しておくことは，上述の書物で理論を学ぶ助けにもなるはずである．また，微分代数に関心があれば本書の第 1 章「初等超越関数と微分代数」を読んでから西岡久美子『微分体の理論』[17] に移るのも良いと思う．なお，第 8 章では標数 0 の場合に限り線形差分方程式のガロワ理論である Picard-Vessiot 理論を解説するが，差分ガロワ理論には第 7 章で触れる強正規拡大によるものもある．一例として，Wibmer [42] を挙げておく．

用語について

　本書を通じて，体は標数 0 とする．また，環は $\mathbb{Z}$ を含む可換環とする．環の準同型は 1 に 1 を対応させるものとする．環の単射準同型 $f\colon R_1 \to R_2$ を R_1 から R_2 の中への同型という．f がさらに全射のとき R_1 から R_2 の上への同型という．R から R の上への同型を R の自己同型という．

目　次

第 1 章　初等超越関数と微分代数　　　1

 1.1 超越関数 . . . .　1

 1.2 部分分数分解 . . . .　3

 1.3 超越拡大 . . . .　6

 1.4 微分体 . . . .　13

 1.5 初等関数 . . . .　20

第 2 章　差分方程式　　　35

 2.1 差分 . . . .　35

 2.2 和分 . . . .　39

 2.3 変換と方程式 . . . .　42

 2.4 q 差分方程式と Poincaré の乗法公式 . . . .　51

 2.5 Mahler 型方程式 . . . .　63

第 3 章　代数的手法の基礎　　　64

 3.1 差分体 . . . .　64

 3.2 線形無関連と代数的無関連 . . . .　69

 3.3 1 変数代数関数体 . . . .　76

第 4 章　関数の超越性と代数的独立性　　　82

 4.1 差分方程式をみたす関数 . . . .　82

 4.2 q 差分方程式をみたす関数 . . . .　84

 4.3 Mahler 型方程式をみたす関数 . . . .　86

 4.4 次数による方法 . . . .　89

第 5 章　和分と Karr の構造定理　　　94

 5.1 $\Pi\Sigma^*$ 拡大 . . . .　94

 5.2 Karr の構造定理 . . . .　95

第 6 章　差分方程式の非可解性　99

6.1　微分方程式の場合 99

6.2　Liouville-Franke 拡大と差分付値型拡大 101

6.3　差分 Riccati 方程式 105

6.4　2 階線形差分方程式 115

6.5　q-Airy 方程式の非可解性 120

第 7 章　差分方程式の既約性　131

7.1　背景 131

7.2　分解可能拡大と強正規拡大 134

7.3　差分 Painlevé 方程式の既約性 142

7.4　万有拡大 148

第 8 章　差分 Picard-Vessiot 理論　150

8.1　準備 150

8.2　Picard-Vessiot 環 153

8.3　ガロワ群 158

8.4　ガロワ対応 164

付録 A1　2 次行列の標準形　175

付録 A2　ベキ級数と有理型関数　177

A2.1　形式的ベキ級数 177

A2.2　収束ベキ級数と優級数 181

A2.3　有理型関数 184

付録 A3　可逆閉包の存在　193

参考文献　195

索　引　199

第1章

初等超越関数と微分代数

指数関数 e^x, 対数関数 $\log x$, 三角関数 $\sin x, \cos x, \tan x$ などを初等超越関数と呼ぶことがある. これは初等的かつ超越的な関数という意味である. 本章では初等関数の理論を通して微分代数の初歩を解説する. 章の最後では $\exp(-x^2)$ の原始関数が初等関数ではないことを証明する.

1.1 超越関数

定義 1.1 有理関数体 $\mathbb{C}(x)$ 上代数的な関数を**代数関数**という[1].

つまり, 代数関数とは

$$f(x)^n + a_{n-1}(x)f(x)^{n-1} + \cdots + a_0(x) = 0, \quad a_i(x) \in \mathbb{C}(x) \quad (n \geq 1)$$

という形の関係式をもつ関数 $f(x)$ のことである. 代数関数ではない関数を**超越関数**という.

例 1.2 関数 $f(x) = x^{1/2}$ は $f(x)^2 - x = 0$ をみたすから代数関数である. また, どんな有理関数 $f(x) \in \mathbb{C}(x)$ も

$$f(x)^1 + a_0(x) = 0, \quad a_0(x) = -f(x) \in \mathbb{C}(x)$$

をみたすから代数関数である.

例 1.3 指数関数 e^x が超越関数であることを, 背理法を用いて示そう. 代数関数であると仮定すると, e^x は

$$(e^x)^n + a_{n-1}(x)(e^x)^{n-1} + \cdots + a_0(x) = 0, \quad a_i(x) \in \mathbb{C}(x) \quad (n \geq 1)$$

---

[1] この一連の議論では関数は体 $\mathbb{C}(x)$ の拡大環の元とみなせるものとする.

2　第 1 章　初等超越関数と微分代数

という形の関係式をもつ. n を最小にとり,

$$P(X) = X^n + a_{n-1}(x)X^{n-1} + \cdots + a_0(x)$$

とおくと, 有理関数を係数とする多項式 P は e^x の $\mathbb{C}(x)$ 上の最小多項式であり, 既約である. $P(\mathrm{e}^x) = 0$ より

$$0 = P(\mathrm{e}^x)' = P^D(\mathrm{e}^x) + \mathrm{e}^x P_X(\mathrm{e}^x)$$

を得る. ここで

$$P^D(X) = a'_{n-1}(x)X^{n-1} + \cdots + a'_0(x),$$

$$P_X(X) = nX^{n-1} + (n-1)a_{n-1}(x)X^{n-2} + \cdots + a_1(x)$$

とする. 前者は各係数を微分したものであり, 後者は X について偏微分したものである. $Q = P^D + XP_X$ とおくと, Q は有理関数を係数とする多項式であり, $Q(\mathrm{e}^x) = 0$ をみたす. P は e^x の $\mathbb{C}(x)$ 上の最小多項式であるから $P \mid Q$ (P は Q を割り切る) が成り立つ. この議論は今後もよく用いるため, 確かめておこう.

　Q を P で割って, 多項式 A, R により

$$Q = AP + R \quad (R = 0 \text{ または } \deg R < \deg P)$$

と表すと,

$$0 = Q(\mathrm{e}^x) = A(\mathrm{e}^x)P(\mathrm{e}^x) + R(\mathrm{e}^x) = R(\mathrm{e}^x)$$

となる. 最小多項式 P の次数の最小性より $R = 0$ でなければならない. つまり, P は Q を割り切る.

　証明に戻ろう. $Q = nX^n + \cdots$ であるから, $P \mid Q$ より $Q = nP$ を得る. さらに $Q = \cdots + a'_0(x)$ であるから, この等式の 0 次の係数を比較すると $a_0(x)$ がみたす次の微分方程式が現れる.

$$a'_0(x) = na_0(x). \tag{1.1}$$

以下のように $a_0(x) = 0$ がわかる.

　$a_0(x) \in \mathbb{C}(x)$ であるから

$$a_0(x) = \frac{c(x)}{d(x)}, \quad c(x), d(x) \in \mathbb{C}[x]$$

と表せる. ここで $c(x), d(x)$ は互いに素とする. 式 (1.1) より

$$\frac{c'(x)d(x) - c(x)d'(x)}{d(x)^2} = n\frac{c(x)}{d(x)}$$

であり, 分母を払って

$$c'(x)d(x) - c(x)d'(x) = nc(x)d(x) \tag{1.2}$$

を得る. したがって $d(x) \mid c(x)d'(x)$ が成り立つ. もし $c(x) \neq 0$ なら $d(x) \mid d'(x)$ となるから $d(x) \in \mathbb{C}$ である. このとき式 (1.2) より $c'(x) = nc(x)$ となり矛盾. したがって $c(x) = 0$ であるから $a_0(x) = 0$ が成り立つ.

$a_0(x)$ は P の 0 次の係数であったから, $X \mid P$ であり, P の既約性から $P = X$ である. これは $0 = P(\mathrm{e}^x) = \mathrm{e}^x$ となるため矛盾. このようにして e^x が超越関数であることが示される.

1.2　部分分数分解

本節では代数閉体係数の有理式の部分分数分解を考える. 代数閉体係数の多項式はすべて 1 次式の積に分解されることに注意しよう. さらに, 部分分数分解を用いて対数関数 $\log x$ が超越関数であることを証明する.

定義 1.4 K を代数閉体, x を不定元とする. $f(x) \subset K(x)$ を

$$f(x) = \frac{a(x)}{b(x)}$$

と互いに素な多項式 $a(x), b(x)$ により表したとき, $a(x)$ の根を $f(x)$ の**零点**といい, その重複度を**零点の位数**という. ただし $a(x) = 0$ のときは零点の位数を ∞ と定める. また, $b(x)$ の根を $f(x)$ の**極**といい, その重複度を**極の位数**という.

定理 1.5 K を代数閉体, x を不定元とする. $f(x) \in K(x)$ は

$$f(x) = \sum_{\alpha \in P} \sum_{i=1}^{n_\alpha} \frac{f_{\alpha,i}}{(x-\alpha)^i} + g(x), \quad f_{\alpha,i} \in K, \ g(x) \in K[x]$$

4　第 1 章　初等超越関数と微分代数

と一意的に表せる．ここで $P \subset K$ は有限集合であり，$n_\alpha \geq 1$, $f_{\alpha,n_\alpha} \neq 0$ $(\alpha \in P)$ である．このとき P は $f(x)$ の極全体と一致し，n_α $(\alpha \in P)$ は極 α の位数である．この表示を**部分分数分解**という．

　証明（表示の一意性）　$f(x)$ が

$$f(x) = \sum_{\alpha \in Q} \sum_{i=1}^{m_\alpha} \frac{\varphi_{\alpha,i}}{(x-\alpha)^i} + h(x)$$

とも表されたとすると，

$$
\begin{aligned}
&\sum_{\alpha \in P \setminus Q} \sum_{i=1}^{n_\alpha} \frac{f_{\alpha,i}}{(x-\alpha)^i} - \sum_{\alpha \in Q \setminus P} \sum_{i=1}^{m_\alpha} \frac{\varphi_{\alpha,i}}{(x-\alpha)^i} \\
&+ \sum_{\alpha \in P \cap Q} \sum_{i=1}^{l_\alpha} \frac{f_{\alpha,i} - \varphi_{\alpha,i}}{(x-\alpha)^i} + g(x) - h(x) = 0, \quad l_\alpha = \max\{n_\alpha, m_\alpha\}
\end{aligned}
\tag{1.3}
$$

が成り立つ．ただし，未定義の $f_{\alpha,i}$ と $\varphi_{\alpha,i}$ は 0 とする．任意の $\alpha \in P \setminus Q$ について，両辺に $(x-\alpha)^{n_\alpha}$ をかけて x に α を代入すると $f_{\alpha,n_\alpha} = 0$ を得るから，$P \setminus Q = \varnothing$ である．同様に $Q \setminus P = \varnothing$ がわかる．したがって $P = Q$ である．任意の $\alpha \in P \cap Q = P = Q$ について，両辺に $(x-\alpha)^{l_\alpha}$ をかけて x に α を代入すると $f_{\alpha,l_\alpha} - \varphi_{\alpha,l_\alpha} = 0$ を得る．$l_\alpha \geq 2$ のとき，次に $(x-\alpha)^{l_\alpha-1}$ をかけて x に α を代入すると，$f_{\alpha,l_\alpha-1} - \varphi_{\alpha,l_\alpha-1} = 0$ を得る．これを繰り返すと $f_{\alpha,i} = \varphi_{\alpha,i}$ $(i = 1, \cdots, l_\alpha)$ がわかる．したがって $n_\alpha = m_\alpha$ である．これらのことから式 (1.3) より $g(x) = h(x)$ もわかり，一意性が示される．

　（表示の存在）　特に P が $f(x)$ の極全体，n_α $(\alpha \in P)$ が極 α の位数であるような表示が存在することを示せばよい．$f(x)$ の極の個数 $|P|$ に関する帰納法を用いる．$|P| = 0$ のときは $f(x) \in K[x]$ であり成り立つ．$|P| = 1$ のとき，$P = \{\alpha\}$, $n = n_\alpha$ とおくと，

$$f(x) = \frac{a(x)}{(x-\alpha)^n}, \quad a(x) \in K[x]$$

と表せる．$a(\alpha) \neq 0$ である．多項式 $a(x)$ を

$$a(x) = f_0 + f_1(x-\alpha) + \cdots + f_d(x-\alpha)^d, \quad f_i \in K$$

と表すと，$f_0 \neq 0$ であり，

$$f(x) = \frac{f_0}{(x-\alpha)^n} + \frac{f_1}{(x-\alpha)^{n-1}} + \cdots + \frac{f_d}{(x-\alpha)^{n-d}}$$

である. $n - i \le 0$ のとき $f_i/(x-\alpha)^{n-i} \in K[x]$ であるから,この場合も主張は成り立つ. $|P| \ge 2$ とし,より少ない個数の場合は主張が成り立っているとしよう. $\beta \in P$ を固定し,$n = n_\beta$ とおく. このとき $f(x)$ は

$$f(x) = \frac{a(x)}{(x-\beta)^n b(x)}$$

と互いに素な多項式 $a(x), (x-\beta)^n b(x)$ により表せる. $(x-\beta)^n$ と $b(x)$ は互いに素であるから,

$$p(x)(x-\beta)^n + q(x)b(x) = 1$$

となる $p(x), q(x) \in K[x]$ が存在する. $b(x)$ と $p(x)$, $(x-\beta)^n$ と $q(x)$ はそれぞれ互いに素である. 両辺に $f(x)$ をかけると

$$f(x) = \frac{p(x)a(x)}{b(x)} + \frac{q(x)a(x)}{(x-\beta)^n}$$

を得る. さらに,帰納法の仮定より

$$\begin{aligned}
f(x) &= \sum_{\alpha \in P \setminus \{\beta\}} \sum_{i=1}^{n_\alpha} \frac{f_{\alpha,i}}{(x-\alpha)^i} + g(x) + \sum_{i=1}^{n} \frac{f_{\beta,i}}{(x-\beta)^i} + h(x) \\
&= \sum_{\alpha \in P} \sum_{i=1}^{n_\alpha} \frac{f_{\alpha,i}}{(x-\alpha)^i} + g(x) + h(x)
\end{aligned}$$

と表せる. ここで $f_{\alpha,i} \in K$, $f_{\alpha,n_\alpha} \ne 0$ $(\alpha \in P)$, $g(x), h(x) \in K[x]$ である. 以上により,表示の存在が示された. 後半の主張は一意性より従う. $\square$

例 1.6 部分分数分解を用いて $a(x) \in \mathbb{C}(x)$ が

$$a'(x) = ca(x) \quad (c \in \mathbb{C}^\times) \tag{1.4}$$

をみたすなら $a(x) = 0$ であることを示そう. これは e^x の超越性の証明の中で示したことである.

$$a(x) = \sum_{\alpha \in P} \sum_{i=1}^{n_\alpha} \frac{f_{\alpha,i}}{(x-\alpha)^i} + g(x), \quad f_{\alpha,i} \in \mathbb{C}, \ g(x) \in \mathbb{C}[x]$$

を $a(x)$ の部分分数分解とする。ここで P は $a(x)$ の極全体であり，n_α $(\alpha \in P)$ は極 α の位数，$f_{\alpha,n_\alpha} \neq 0$ $(\alpha \in P)$ である。微分すると

$$a'(x) = \sum_{\alpha \in P} \sum_{i=1}^{n_\alpha} \frac{-i f_{\alpha,i}}{(x-\alpha)^{i+1}} + g'(x)$$

を得る。右辺の $1/(x-\alpha)^{n_\alpha+1}$ の係数は $-n_\alpha f_{\alpha,n_\alpha} \neq 0$ であるから，定理 1.5 より P は $a'(x)$ の極全体と一致し，$n_\alpha + 1$ $(\alpha \in P)$ は $a'(x)$ の極 α の位数である。したがって，$\alpha \in P$ とすると，α は式 (1.4) の左辺の極であり，その位数は $n_\alpha + 1$ である。一方，α は右辺の極でもあり，その位数は n_α である。これらは矛盾するから $P = \varnothing$ である。よって $a(x) = g(x) \in \mathbb{C}[x]$ となる。式 (1.4) の両辺の次数を比較すると $a(x) = 0$ がわかる。

例 1.7 対数関数 $\log x$ が超越関数であることを示そう。指数関数の場合と同様に，代数関数であると仮定する。$P(X)$ を $\log x$ の $\mathbb{C}(x)$ 上の最小多項式とする。

$$P(X) = X^n + a_{n-1}(x)X^{n-1} + \cdots + a_0(x),$$

$$Q(X) = P^D(X) + \frac{1}{x}P_X(X)$$

$$= (a'_{n-1}(x)X^{n-1} + \cdots) + \frac{1}{x}(nX^{n-1} + \cdots)$$

とおくと $P(\log x)' = Q(\log x)$ であるから，$P(\log x) = 0$ より $Q(\log x) = 0$ を得る。したがって P の次数の最小性より $Q = 0$ を得る。特に Q の X^{n-1} の係数は 0 であるから，次の等式が成り立つ。

$$a'_{n-1}(x) = -\frac{n}{x}.$$

例 1.6 と同様に $a_{n-1}(x)$ の部分分数分解を用いると，$a'_{n-1}(x)$ の極の位数はすべて 2 以上であることがわかる。一方，右辺の $-n/x$ は位数 1 の極 0 をもつから矛盾。したがって $\log x$ は超越関数である。

1.3 超越拡大

以後，複数の超越関数で生成される体を扱うことになるため，ここで体の超越拡大に関する基本的事項を紹介しておく。

本節を通して L/K は体の拡大とする．$x \in L$ が K 上代数的であるとは，ある多項式 $P \in K[X] \setminus \{0\}$ が存在して $P(x) = 0$ が成り立つことである．また，L/K が代数拡大であるとは，任意の $x \in L$ が K 上代数的であるということである．

定義 1.8 $x \in L$ が K 上代数的ではないとき x は K 上**超越的**であるという．また，L/K が代数拡大ではないとき L/K は**超越拡大**であるという．L/K が超越拡大であることと，K 上超越的な L の元が存在することは同値である．

例 1.9 有理関数体 $\mathbb{C}(x)$ について，$x \in \mathbb{C}(x)$ は $\mathbb{C}$ 上超越的である．また，e^x は超越関数であるから $\mathbb{C}(x)$ 上超越的である．

定義 1.10 $x_1, \cdots, x_m \in L$ とする．ある多項式 $P \in K[X_1, \cdots, X_m] \setminus \{0\}$ が存在して $P(x_1, \cdots, x_m) = 0$ が成り立つとき，$x_1, \cdots, x_m$ は K 上**代数的従属**であるという．つまり K 係数の代数関係式が存在するということである．代数的従属ではないとき**代数的独立**であるという．$x_1, \cdots, x_m$ が K 上代数的独立であることと次が成り立つことは同値．多項式 $P \in K[X_1, \cdots, X_m]$ に対して

$$P(x_1, \cdots, x_m) = 0 \Longrightarrow P = 0.$$

このとき代入写像 $X_i \mapsto x_i$ を考えることで $K[X_1, \cdots, X_m] \cong K[x_1, \cdots, x_m]$ がわかる．

補題 1.11 $x, x_1, \cdots, x_m, \cdots, x_n \in L \ (m \leq n)$ とする．定義より次が成り立つ．

(1) x が K 上代数的従属 $\Longleftrightarrow$ x が K 上代数的．

(2) x が K 上代数的独立 $\Longleftrightarrow$ x が K 上超越的．

(3) $x_1, \cdots, x_m$ が K 上代数的従属 $\Longrightarrow$ $x_1, \cdots, x_m, \cdots, x_n$ は K 上代数的従属．

(4) $x_1, \cdots, x_m, \cdots, x_n$ が K 上代数的独立 $\Longrightarrow$ $x_1, \cdots, x_m$ は K 上代数的独立．

補題 1.12 $x_1, \cdots, x_m \in L$ は K 上代数的独立とする．次が成り立つ．

8　第 1 章　初等超越関数と微分代数

(1) $x \in L$ が $K(x_1, \cdots, x_m)$ 上代数的 $\iff x, x_1, \cdots, x_m$ は K 上代数的従属.

(2) $x \in L$ が $K(x_1, \cdots, x_m)$ 上超越的 $\iff x, x_1, \cdots, x_m$ は K 上代数的独立.

(3) $x, x_1, \cdots, x_m \in L$ が K 上代数的独立 $\implies x_1, \cdots, x_m$ は $K(x)$ 上代数的独立.

証明　(1) ($\Rightarrow$)

$$x^n + \frac{P_{n-1}(x_1, \cdots, x_m)}{Q_{n-1}(x_1, \cdots, x_m)} x^{n-1} + \cdots + \frac{P_0(x_1, \cdots, x_m)}{Q_0(x_1, \cdots, x_m)} = 0 \quad (n \geq 1)$$

であるとする. ここで $P_i, Q_i \in K[X_1, \cdots, X_m]$ は多項式とする. 分母を払うと $x, x_1, \cdots, x_m$ の K 係数の代数関係式を得る. したがって $x, x_1, \cdots, x_m$ は K 上代数的従属である.

($\Leftarrow$) 多項式 $P \in K[X, X_1, \cdots, X_m] \setminus \{0\}$ で $P(x, x_1, \cdots, x_m) = 0$ をみたすものをとる.

$$P = P_n X^n + P_{n-1} X^{n-1} + \cdots + P_0, \quad P_i \in K[X_1, \cdots, X_m],\, P_n \neq 0$$

と表し, X_i に x_i を代入すると,

$$P(X, x_1, \cdots, x_m) = P_n(x_1, \cdots, x_m) X^n + \cdots + P_0(x_1, \cdots, x_m)$$

となる. これは x を根とする $K(x_1, \cdots, x_m)$ 係数の多項式である. $x_1, \cdots, x_m$ が K 上代数的独立であることより $P_n(x_1, \cdots, x_m) \neq 0$ がわかり, よって x は $K(x_1, \cdots, x_m)$ 上代数的である.

(2) は (1) の対偶である.

(3) 対偶を示す. $x_1, \cdots, x_m$ が $K(x)$ 上代数的従属であるとする. ある多項式 $P \in K(x)[X_1, \cdots, X_m] \setminus \{0\}$ が存在して $P(x_1, \cdots, x_m) = 0$ が成り立つ.

$$P = \sum_{i=(i_1, \cdots, i_m)} \frac{P_i(x)}{Q_i(x)} X_1^{i_1} \cdots X_m^{i_m}, \quad P_i, Q_i \in K[X]$$

と表す. $P(x_1, \cdots, x_m) = 0$ の分母を払うと $x, x_1, \cdots, x_m$ の K 係数の代数関係式を得る. したがって, それらは K 上代数的従属である. $\qquad \square$

例 1.13　e^x は $\mathbb{C}(x)$ 上超越的であるから, (2) より e^x, x は $\mathbb{C}$ 上代数的独立である.

定義 1.14 ある K 上代数的独立な $x_1, \cdots, x_m \in L$ に対し $L/K(x_1, \cdots, x_m)$ が代数拡大であるとき, L/K は**有限超越次数**であるといい, $x_1, \cdots, x_m$ を L/K の**超越基底**という. L/K が代数拡大であるときも有限超越次数であるという.

定理 1.15 L/K を超越拡大とする. $L/K(x_1, \cdots, x_m)$ が代数拡大なら L/K は有限超越次数であり, L/K の超越基底 $y_1, \cdots, y_n \in \{x_1, \cdots, x_m\}$ が存在する.

証明 $x_1, \cdots, x_m$ のうち, 少なくとも 1 つは K 上超越的である. $\{x_1, \cdots, x_m\}$ の元の組 $y_1, \cdots, y_n$ であって, K 上代数的独立なもののうち, n が最大であるものをとる. すると $x_i, y_1, \cdots, y_n$ は K 上代数的従属であるから x_i は $K(y_1, \cdots, y_n)$ 上代数的である. したがって $K(x_1, \cdots, x_m)/K(y_1, \cdots, y_n)$ は代数拡大であり, よって $L/K(y_1, \cdots, y_n)$ も代数拡大である. 定義より L/K は有限超越次数であり, $y_1, \cdots, y_n$ は L/K の超越基底である. $\square$

定理 1.16 超越拡大 L/K が有限超越次数であるとする. $x_1, \cdots, x_m \in L$ が K 上代数的独立なら, これらを含む L/K の超越基底 $x_1, \cdots, x_n$ が存在する.

証明 $L/K(x_1, \cdots, x_m)$ を超越拡大としてよい. $y_1, \cdots, y_l$ を L/K の超越基底とする. $y_1, \cdots, y_l$ のうち, 少なくとも 1 つは $K(x_1, \cdots, x_m)$ 上超越的である. $\{y_1, \cdots, y_l\}$ の元の組 $z_1, \cdots, z_k$ であって, $x_1, \cdots, x_m, z_1, \cdots, z_k$ が K 上代数的独立なもののうち, k が最大であるものをとる. すると $y_i, x_1, \cdots, x_m, z_1, \cdots, z_k$ は K 上代数的従属であるから y_i は $K(x_1, \cdots, x_m, z_1, \cdots, z_k)$ 上代数的である. したがって

$$K(x_1, \cdots, x_m, y_1, \cdots, y_l)/K(x_1, \cdots, x_m, z_1, \cdots, z_k)$$

は代数拡大である. $L/K(y_1, \cdots, y_l)$ は代数拡大であるから

$$L/K(x_1, \cdots, x_m, y_1, \cdots, y_l)$$

も代数拡大である. したがって $L/K(x_1, \cdots, x_m, z_1, \cdots, z_k)$ も代数拡大であることがわかる. 定義より $x_1, \cdots, x_m, z_1, \cdots, z_k$ は L/K の超越基底である. $\square$

10　第 1 章　初等超越関数と微分代数

定理 1.17　超越拡大 L/K が有限超越次数であり，$x_1, \cdots, x_n$ が L/K の超越基底であるとする．$y_1, \cdots, y_m \in L$ が K 上代数的独立なら $m \leq n$ が成り立つ．

証明　n に関する帰納法で示す．$n = 1$ のとき，y_m は $K(x_1)$ 上代数的であるから y_m, x_1 は K 上代数的従属である．さらに y_m は K 上超越的であるから x_1 は $K(y_m)$ 上代数的である．したがって $L/K(y_m)$ は代数拡大である．特に y_1 が $K(y_m)$ 上代数的となるから $m = 1$ でなければならない．このとき $m = n = 1$ である．

$n \geq 2$ とし，$n - 1$ で主張が成り立つとしよう．$m \geq 2$ としてよい．y_m が $K(x_1, \cdots, x_r)$ 上代数的であるとする．ここで $r \geq 1$ は最小とする．このとき y_m は $K(x_1, \cdots, x_{r-1})$ 上超越的であるから $y_m, x_1, \cdots, x_{r-1}$ は K 上代数的独立である．さらに，$y_m, x_1, \cdots, x_r$ は K 上代数的従属であるから x_r は $K(y_m, x_1, \cdots, x_{r-1})$ 上代数的である．したがって $x_1, \cdots, x_{r-1}, x_{r+1}, \cdots, x_n$ を $z_1, \cdots, z_{n-1}$ とおくと $L/K(y_m, z_1, \cdots, z_{n-1})$ は代数拡大である．ここで，もし $y_m, z_1, \cdots, z_{n-1}$ が K 上代数的従属なら，y_m は $K(z_1, \cdots, z_{n-1})$ 上代数的であり，よって x_r が $K(z_1, \cdots, z_{n-1})$ 上代数的となってしまう．したがって $y_m, z_1, \cdots, z_{n-1}$ は K 上代数的独立でなければならない．このことから補題 1.12 (3) より $z_1, \cdots, z_{n-1}$ が $K(y_m)$ 上代数的独立であることがわかる．以上により $L/K(y_m)$ は有限超越次数であり，$z_1, \cdots, z_{n-1}$ は $L/K(y_m)$ の超越基底であることがわかった．$y_1, \cdots, y_{m-1}$ は $K(y_m)$ 上代数的独立であるから，帰納法の仮定より $m - 1 \leq n - 1$ を得る．よって $m \leq n$ が成り立つ．　　　□

系 1.18　超越拡大 L/K が有限超越次数であり，$x_1, \cdots, x_n$ と $y_1, \cdots, y_m$ が L/K の超越基底であるとする．このとき定理 1.17 より $m \leq n$ かつ $n \leq m$ であるから，$n = m$ が成り立つ．この n を L/K の**超越次数**といい，$\mathrm{tr.\,deg}\, L/K$ と表す．代数拡大 L/K の超越次数は 0 と定める．

補題 1.19　$x_1, \cdots, x_m \in L$ は K 上代数的独立であり，$y_1, \cdots, y_n \in L$ は $K(x_1, \cdots, x_m)$ 上代数的独立であるとする．このとき $x_1, \cdots, x_m, y_1, \cdots, y_n$ は K 上代数的独立である．

証明 $x_1, \cdots, x_m, y_1, \cdots, y_n$ が K 上代数的従属であると仮定する. ある多項式

$$P \in K[X_1, \cdots, X_m, Y_1, \cdots, Y_n] \setminus \{0\}$$

が存在して

$$P(x_1, \cdots, x_m, y_1, \cdots, y_n) = 0$$

が成り立つ.

$$Q = P(x_1, \cdots, x_m, Y_1, \cdots, Y_n) \in K(x_1, \cdots, x_m)[Y_1, \cdots, Y_n]$$

とおくと多項式 Q は $Q(y_1, \cdots, y_n) = 0$ をみたす. $x_1, \cdots, x_m$ が K 上代数的独立であるから $Q \neq 0$ となることに注意すると, $y_1, \cdots, y_n$ が $K(x_1, \cdots, x_m)$ 上代数的従属であることがわかる. これは矛盾. したがって $x_1, \cdots, x_m, y_1, \cdots, y_n$ は K 上代数的独立である. $\square$

補題 1.20 ある n が存在して, $x_1, \cdots, x_m \in L$ が K 上代数的独立なら $m \leq n$ が成り立つとする. このとき L/K は有限超越次数である.

証明 L/K を超越拡大としてよい. K 上代数的独立な $x_1, \cdots, x_m$ をとる. ここで m は最大とする. 任意の $y \in L$ に対して, $y, x_1, \cdots, x_m$ は K 上代数的従属であるから y は $K(x_1, \cdots, x_m)$ 上代数的である. したがって $L/K(x_1, \cdots, x_m)$ は代数拡大である. 定義より L/K が有限超越次数であることがわかる. $\square$

定理 1.21 M を L/K の中間体とする.

(1) $L/M, M/K$ が有限超越次数なら L/K も有限超越次数であり,

$$\mathrm{tr.\,deg}\, L/K = \mathrm{tr.\,deg}\, L/M + \mathrm{tr.\,deg}\, M/K$$

が成り立つ.

(2) L/K が有限超越次数なら $L/M, M/K$ も有限超越次数である.

証明 (1) L/K は超越拡大としてよい. 以下, 3 つの場合にわけて考える. (1-1) L/M が代数拡大のとき, M/K は超越拡大である. $x_1, \cdots, x_m$ を M/K の超越

基底とすると, $M/K(x_1, \cdots, x_m)$ は代数拡大であるから $L/K(x_1, \cdots, x_m)$ も代数拡大である. したがって L/K は有限超越次数であり, $x_1, \cdots, x_m$ は L/K の超越基底である. また, $\mathrm{tr.\,deg}\,L/K = \mathrm{tr.\,deg}\,M/K = m$ が成り立つ. (1-2) M/K が代数拡大のとき, L/M は超越拡大である. $y_1, \cdots, y_n$ を L/M の超越基底とすると, $L/M(y_1, \cdots, y_n)$ は代数拡大である. $M(y_1, \cdots, y_n)/K(y_1, \cdots, y_n)$ は代数拡大であるから, $L/K(y_1, \cdots, y_n)$ も代数拡大である. $y_1, \cdots, y_n$ は K 上でも代数的独立であるから L/K は有限超越次数であり, $\mathrm{tr.\,deg}\,L/K = \mathrm{tr.\,deg}\,L/M = n$ が成り立つ. (1-3) L/M, M/K がともに超越拡大であるとする. $x_1, \cdots, x_m$ を M/K の超越基底, $y_1, \cdots, y_n$ を L/M の超越基底とする. $M/K(x_1, \cdots, x_m)$ と $L/M(y_1, \cdots, y_n)$ はともに代数拡大である. このとき

$$M(y_1, \cdots, y_n)/K(x_1, \cdots, x_m, y_1, \cdots, y_n)$$

は代数拡大であるから

$$L/K(x_1, \cdots, x_m, y_1, \cdots, y_n)$$

も代数拡大である. さらに $x_1, \cdots, x_m, y_1, \cdots, y_n$ は K 上代数的独立である. 実際, $y_1, \cdots, y_n$ は $K(x_1, \cdots, x_m)$ 上代数的独立であるから, この主張は補題 1.19 より従う. したがって L/K は有限超越次数であり, $x_1, \cdots, x_m, y_1, \cdots, y_n$ は L/K の超越基底である. また

$$\mathrm{tr.\,deg}\,L/K = n + m = \mathrm{tr.\,deg}\,L/M + \mathrm{tr.\,deg}\,M/K$$

が成り立つ.

(2) L/K は超越拡大としてよい. 定理 1.17 より, $x_1, \cdots, x_m \in M$ が K 上代数的独立なら $m \le \mathrm{tr.\,deg}\,L/K$ が成り立つ. したがって補題 1.20 より M/K は有限超越次数である. 同様に, $y_1, \cdots, y_n \in L$ が M 上代数的独立なら $n \le \mathrm{tr.\,deg}\,L/K$ が成り立つから, L/M は有限超越次数である. $\qquad\square$

例 1.22 $\mathrm{tr.\,deg}\,\mathbb{C}(x)/\mathbb{C} = 1$, $\mathrm{tr.\,deg}\,\mathbb{C}(x, \mathrm{e}^x)/\mathbb{C}(x) = 1$ から

$$\mathrm{tr.\,deg}\,\mathbb{C}(x, \mathrm{e}^x)/\mathbb{C} = \mathrm{tr.\,deg}\,\mathbb{C}(x, \mathrm{e}^x)/\mathbb{C}(x) + \mathrm{tr.\,deg}\,\mathbb{C}(x)/\mathbb{C} = 2$$

が得られる.

1.4 微分体

以下，環は $\mathbb{Z}$ を含む可換環とする[2]．

定義 1.23 R を環，$D \colon R \to R$ を

$$D(a + b) = D(a) + D(b),$$

$$D(ab) = D(a)b + aD(b)$$

をみたす写像とする．D を R の**微分**といい，$\mathcal{R} = (R, D)$ を**微分環**という．R が体のときは**微分体**という．

補題 1.24 $\mathcal{R} = (R, D)$ を微分環とする．次が成り立つ．

(1) $D(0) = 0, D(-a) = -D(a) \quad (a \in R)$.

(2) $D(n) = 0 \quad (n \in \mathbb{Z})$.

(3) $D(a^n) = na^{n-1}D(a) \quad (a \in R, n \in \mathbb{Z}_{>0})$.

(4) $D^n(ab) = \sum_{i=0}^{n} \binom{n}{i} D^{n-i}(a) D^i(b) \quad (a, b \in R, n \in \mathbb{Z}_{\geq 0})$.

(5) $a, b, b^{-1} \in R$ のとき

$$D\left(\frac{a}{b}\right) = \frac{D(a)b - aD(b)}{b^2}.$$

証明 (1) は D が加法準同型であることによる．

(2) まず

$$D(1) = D(1 \cdot 1) = D(1)1 + 1D(1) = D(1) + D(1)$$

であるから $D(1) = 0$ である．さらに帰納法より $n \geq 1$ のとき

$$D(n + 1) = D(n) + D(1) = D(n) = 0$$

である．したがって (1) より，すべての $n \in \mathbb{Z}$ に対して $D(n) = 0$ が成り立つ．

(3) 帰納法より

$$D(a^{n+1}) = D(a^n)a + a^n D(a) = na^{n-1}D(a)a + a^n D(a) = (n+1)a^n D(a)$$

---

[2] その他の用語については p.v に記載．

14 第 1 章 初等超越関数と微分代数

であるから成り立つ.

(4) $n = 0, 1$ のときは成り立つ. 帰納法より $n \geq 1$ のとき

$$D^{n+1}(ab) = DD^n(ab) = D \sum_{i=0}^{n} \binom{n}{i} D^{n-i}(a) D^i(b)$$

$$= \sum_{i=0}^{n} \binom{n}{i} D^{n+1-i}(a) D^i(b) + \sum_{i=0}^{n} \binom{n}{i} D^{n-i}(a) D^{i+1}(b)$$

$$= D^{n+1}(a)b + \sum_{i=1}^{n} \binom{n}{i} D^{n+1-i}(a) D^i(b)$$

$$\quad + \sum_{i=1}^{n} \binom{n}{i-1} D^{n+1-i}(a) D^i(b) + a D^{n+1}(b)$$

$$= D^{n+1}(a)b + \sum_{i=1}^{n} \binom{n+1}{i} D^{n+1-i}(a) D^i(b) + a D^{n+1}(b)$$

$$= \sum_{i=0}^{n+1} \binom{n+1}{i} D^{n+1-i}(a) D^i(b)$$

である. したがって任意の $n \geq 0$ に対して成り立つ.

(5) $D(a) = D((a/b) \cdot b) = D(a/b)b + (a/b)D(b)$ より

$$D\left(\frac{a}{b}\right) = \frac{1}{b}\left(D(a) - \frac{a}{b}D(b)\right) = \frac{D(a)b - aD(b)}{b^2}.$$

$\square$

定義 1.25 $\mathcal{R} = (R, D)$ を微分環とする. $C_{\mathcal{R}} = \{a \in R \mid D(a) = 0\}$ は R の部分環である. これを $\mathcal{R}$ の**定数環**という. R が体のときは補題 1.24 (5) より $C_{\mathcal{R}}$ は R の部分体になる. このとき $C_{\mathcal{R}}$ を $\mathcal{R}$ の**定数体**という.

例 1.26 $\mathbb{C}(x)$ を有理関数体, $D: \mathbb{C}(x) \to \mathbb{C}(x)$ を通常の微分 $D(f(x)) = f'(x)$ とすると, $\mathcal{R} = (\mathbb{C}[x], D|_{\mathbb{C}[x]})$ は微分環, $\mathcal{K} = (\mathbb{C}(x), D)$ は微分体である. また, $C_{\mathcal{R}} = C_{\mathcal{K}} = \mathbb{C}$ である.

定理 1.27 (R, D) を微分環とする. R が整域であるとき, 微分 D は R の商体に一意的に拡張される.

1.4 微分体　15

証明　一意性は補題 1.24 よりわかるから，

$$D': \frac{a}{b} \longmapsto \frac{D(a)b - aD(b)}{b^2}$$

が well-defined かつ R の商体の微分であることを示せばよい．$a/b = c/d$ とすると $ad = bc$ であるから

$$D(a)d + aD(d) = D(b)c + bD(c)$$

が成り立つ．このとき

$$b^2 d^2 D'\left(\frac{a}{b}\right) = d^2 D(a)b - d^2 aD(b) = bd^2 D(a) - bcdD(b)$$

$$= bd(dD(a) - cD(b)) = bd(bD(c) - aD(d))$$

$$= b^2 dD(c) - b^2 cD(d) = b^2 d^2 \frac{D(c)d - cD(d)}{d^2}$$

$$= b^2 d^2 D'\left(\frac{c}{d}\right)$$

となるから D' は well-defined である．また

$$D'\left(\frac{a}{b} + \frac{c}{d}\right) = D'\left(\frac{ad + bc}{bd}\right) = \frac{D(ad + bc)bd - (ad + bc)D(bd)}{b^2 d^2}$$

$$= \frac{(D(a)d + aD(d) + D(b)c + bD(c))bd - (ad + bc)(D(b)d + bD(d))}{b^2 d^2}$$

$$= \frac{d^2(D(a)b - aD(b)) + b^2(D(c)d - cD(d))}{b^2 d^2}$$

$$= D'\left(\frac{a}{b}\right) + D'\left(\frac{c}{d}\right)$$

と

$$D'\left(\frac{a}{b} \cdot \frac{c}{d}\right) = \frac{D(ac)bd - acD(bd)}{b^2 d^2}$$

$$= \frac{(D(a)c + aD(c))bd - ac(D(b)d + bD(d))}{b^2 d^2}$$

$$= \frac{cd(D(a)b - aD(b)) + ab(D(c)d - cD(d))}{b^2 d^2}$$

$$= D'\left(\frac{a}{b}\right)\frac{c}{d} + \frac{a}{b}D'\left(\frac{c}{d}\right)$$

が成り立つから，D' は R の商体の微分である．　□

16　第 1 章　初等超越関数と微分代数

定義 1.28　$\mathcal{A} = (A, D_A)$, $\mathcal{B} = (B, D_B)$ を微分環（体）とする．A が B の部分環（体）であり，$D_B|_A = D_A$ が成り立つとき，$\mathcal{A}$ は $\mathcal{B}$ の**微分部分環（体）**であるといい，$\mathcal{B}$ は $\mathcal{A}$ の**微分拡大環（体）**であるという．このとき $(A, D_B|_A)$ を (A, D_B) と略記することがある．A, B が体のときは $\mathcal{B}/\mathcal{A}$ は**微分拡大**であるともいう．

例 1.29　$A = \mathbb{C}(x)$, $B = \mathbb{C}(x, \mathrm{e}^x)$ とし，$D: B \to B$ を通常の微分 $D(f(x)) = f'(x)$ とする．このとき $\mathcal{A} = (A, D|_A)$, $\mathcal{B} = (B, D)$ は微分体であり，$\mathcal{B}/\mathcal{A}$ は微分拡大である．

例 1.30 (1 階線形微分方程式の求積)　$y'(x) = 2xy(x) + 1$ を求積法で解くことを考える．まず $y'(x) = 2xy(x)$ を解くと $y = C\mathrm{e}^{x^2}$ （C は任意定数）を得る．次に定数変化法で，$y = a(x)\mathrm{e}^{x^2}$ を元の式に代入して $a'(x) = \mathrm{e}^{-x^2}$ を得る．したがって一般解は

$$y = \left(\int \mathrm{e}^{-x^2} dx + C \right) \mathrm{e}^{x^2} \quad （C \text{ は任意定数}）$$

である．以上の計算に関わる微分体とその拡大を見てみよう．計算の過程で新しく現れる関数を $K_0 = \mathbb{C}(x)$ に順に加えて

$$K_1 = K_0(\mathrm{e}^{x^2}) = \mathbb{C}(x, \mathrm{e}^{x^2}),$$
$$K_2 = K_1 \left(\int \mathrm{e}^{-x^2} dx \right) = \mathbb{C}\left(x, \mathrm{e}^{x^2}, \int \mathrm{e}^{-x^2} dx \right)$$

とおく．特殊解はすべて K_2 に属することがわかる．$D: K_2 \to K_2$ を通常の微分とすると，$\mathcal{K}_i = (K_i, D)$ は微分体であり，$\mathcal{K}_1/\mathcal{K}_0$, $\mathcal{K}_2/\mathcal{K}_1$ および $\mathcal{K}_2/\mathcal{K}_0$ は微分拡大である．ここで $\mathcal{K}_1/\mathcal{K}_0$ は $\mathcal{K}_0$ の元 x^2 を指数関数に代入した e^{x^2} を添加した微分拡大，$\mathcal{K}_2/\mathcal{K}_1$ は $\mathcal{K}_1$ の元 e^{-x^2} の原始関数を添加した微分拡大と考えられる．$\mathcal{K}_2/\mathcal{K}_0$ のような，指数関数に代入することと原始関数をとることを繰り返して得られる微分拡大は第 6 章で紹介する Liouville 拡大の一種である[3]．

---

[3]　厳密には定数体が拡大していない必要がある．なお，この例では $C_{\mathcal{K}_i} = \mathbb{C}$ である．

定義 1.31 $\mathcal{A} = (A, D_A)$, $\mathcal{B} = (B, D_B)$ を微分環とする. $f \in \mathrm{Hom}(A, B)$ で $f(D_A(a)) = D_B(f(a))$ $(a \in A)$ をみたすものを $\mathcal{A}$ から $\mathcal{B}$ への**微分準同型**という. f がさらに同型なら**微分同型**という. (R, D) を微分環とする. R のイデアル I で $D(I) \subset I$ をみたすものを**微分イデアル**という.

例 1.32 $\mathcal{A} = (A, D_A)$, $\mathcal{B} = (B, D_B)$ を微分環, f を $\mathcal{A}$ から $\mathcal{B}$ への微分準同型とする. このとき $\mathrm{Ker}\, f$ は $\mathcal{A}$ の微分イデアルである. 実際, $a \in \mathrm{Ker}\, f$ とすると, $f(a) = 0$ であるから

$$f(D_A(a)) = D_B(f(a)) = D_B(0) = 0$$

である. したがって $D_A(a) \in \mathrm{Ker}\, f$ となり $D_A(\mathrm{Ker}\, f) \subset \mathrm{Ker}\, f$ がわかる.

定理 1.33 $\mathcal{R} = (R, D)$ を微分環, I を $\mathcal{R}$ の微分イデアルとする. このとき, R/I の微分 D' であって, 自然な準同型 $\pi \colon R \to R/I$ が微分準同型となるものがただ一つ存在する.

証明 まず D' が存在すれば π が微分準同型であることより

$$D'(\pi(a)) = \pi(D(a)) \quad (a \in R)$$

となるから, 一意性は成り立つ. $\pi(a) = \pi(b)$ のとき, $a - b \in I$ より

$$D(a) - D(b) = D(a - b) \in I$$

となるから, $\pi(D(a)) = \pi(D(b))$ が成り立つ. したがって $D' \colon R/I \to R/I$, $\pi(a) \mapsto \pi(D(a))$ は well-defined である. あとは D' が微分であることを示せばよい. 次のようにして確かめられる.

$$D'(\pi(a) + \pi(b)) = D'(\pi(a + b)) = \pi(D(a + b)) = \pi(D(a)) + \pi(D(b))$$
$$= D'(\pi(a)) + D'(\pi(b)),$$

$$D'(\pi(a)\pi(b)) = D'(\pi(ab)) = \pi(D(ab)) = \pi(D(a)b + aD(b))$$
$$= D'(\pi(a))\pi(b) + \pi(a)D'(\pi(b)).$$

$\square$

18　第 1 章　初等超越関数と微分代数

定理 1.34　(R, D) を微分環，X を不定元とする．$f \in R[X]$ に対して $R[X]$ の微分 D' で $D'(X) = f$，$D'|_R = D$ をみたすものがただ一つ存在する．

証明　一意性は明らか．D' を実際に構成しよう．

$$P = \sum_{i=0}^{n} a_i X^i \in R[X], \quad a_i \in R$$

に対して

$$P^D = \sum_{i=0}^{n} D(a_i) X^i, \quad P_X = \sum_{i=0}^{n} i a_i X^{i-1}$$

とおく．$D_1 \colon P \mapsto P^D$ と $D_2 \colon P \mapsto P_X$ が $R[X]$ の微分であることを示す．加法準同型であることは明らか．この加法性と

$$D_1 \left(b X^m \sum_{i=0}^{n} a_i X^i \right) = D_1 \left(\sum_{i=0}^{n} b a_i X^{i+m} \right)$$

$$= \sum_{i=0}^{n} (D(b) a_i + b D(a_i)) X^{i+m}$$

$$= D(b) X^m \sum_{i=0}^{n} a_i X^i + b X^m \sum_{i=0}^{n} D(a_i) X^i$$

$$= D_1(b X^m) \sum_{i=0}^{n} a_i X^i + b X^m D_1 \left(\sum_{i=0}^{n} a_i X^i \right)$$

より D_1 は $R[X]$ の微分である．また

$$D_2 \left(b X^m \sum_{i=0}^{n} a_i X^i \right) = D_2 \left(\sum_{i=0}^{n} b a_i X^{i+m} \right) = \sum_{i=0}^{n} (i+m) b a_i X^{i+m-1}$$

$$= m b X^{m-1} \sum_{i=0}^{n} a_i X^i + b X^m \sum_{i=0}^{n} i a_i X^{i-1}$$

$$= D_2(b X^m) \sum_{i=0}^{n} a_i X^i + b X^m D_2 \left(\sum_{i=0}^{n} a_i X^i \right)$$

より D_2 も $R[X]$ の微分である．したがって $D' \colon R[X] \to R[X]$ を $D'(P) = P^D + f P_X$ で定めると，D' は $R[X]$ の微分である．また，$D'(X) = 0 \cdot X + f \cdot 1 = f$ であり，$a \in R$ に対しては $D'(a) = D(a) + f \cdot 0 = D(a)$ が成り立つ．　□

定理 1.35　(K, D) を微分体，L/K を有限次拡大とすると，微分 D の L への拡張がただ一つ存在する．

証明 本書では体の標数を 0 としているので，$L = K(a)$ となる $a \in L$ がある．$P \in K[X]$ を a の K 上の最小多項式とする．$L \cong K[X]/(P)$ である．

（一意性）D' が D の L への拡張なら，$P(a) = 0$ より

$$0 = D'(P(a)) = P^D(a) + D'(a)P_X(a)$$

となる．ここで $P_X(a) \neq 0$ より $D'(a) = -P^D(a)/P_X(a)$ であるから，D' は一意的である．

（存在）P は既約であるから P と P_X は互いに素である．したがって

$$UP + VP_X = 1$$

となる $U, V \in K[X]$ が存在する．定理 1.34 より $K[X]$ の微分 D^* で

$$D^*(X) = -VP^D \in K[X], \quad D^*|_K = D$$

となるものが存在する．

$$D^*(P) = P^D + (-VP^D)P_X = P^D + P^D(UP - 1) = P^D UP \in (P)$$

であるから，(P) は微分環 $(K[X], D^*)$ の微分イデアルである．したがって，定理 1.33 より $K[X]/(P)(\cong L)$ の微分 D' であって，自然な準同型 $\pi \colon K[X] \to K[X]/(P)$ が微分準同型となるものが存在する．いま，$K[X]/(P)$ と L が $\phi \colon K[X]/(P) \to L$ により同型であるとすると，$\phi \circ D' \circ \phi^{-1}$ が求める微分である．実際，$\pi|_K \colon K \hookrightarrow K[X]/(P)$ および ϕ が K 同型であることに注意すれば，$a \in K$ に対して

$$\phi \circ D' \circ \phi^{-1}(a) = \phi \circ D'(\pi(a)) = \phi \circ \pi(D^*(a)) = \phi(\pi(D(a))) = D(a)$$

となることがわかる． $\square$

定理 1.36 (K, D) を微分体，(L_1, D_1) と (L_2, D_2) をその微分拡大体で L_i/K が代数的であるものとする．このとき L_1 から L_2 の中への K 同型 σ は微分同型である．

20　第 1 章　初等超越関数と微分代数

証明　$a \in L_1$ とする．$P \in K[X]$ を a の K 上の最小多項式とすると，$P(a) = 0$ かつ $P_X(a) \neq 0$ より $D_1(a) = -P^D(a)/P_X(a)$ である．また，$P(\sigma(a)) = \sigma(P(a)) = 0$ より P は $\sigma(a)$ の最小多項式でもあるから，同様にして $D_2(\sigma(a)) = -P^D(\sigma(a))/P_X(\sigma(a))$ を得る．したがって

$$\sigma(D_1(a)) = -\frac{\sigma(P^D(a))}{\sigma(P_X(a))} = -\frac{P^D(\sigma(a))}{P_X(\sigma(a))} = D_2(\sigma(a)).$$

□

1.5　初等関数

本節では Rosenlicht の 1968 年の論文 [30] に沿って初等関数の理論を紹介する．主要な内容は Liouville の定理の代数的証明である．

定義 1.37　$\mathcal{L}/\mathcal{K}$ を微分拡大，$C_{\mathcal{L}} = C_{\mathcal{K}} = C$ とし，$\mathcal{L} = (L, D)$，$\mathcal{K} = (K, D|_K)$ と表す．次の条件をみたす微分体の列

$$\mathcal{K} = \mathcal{K}_0 \subset \mathcal{K}_1 \subset \cdots \subset \mathcal{K}_n = \mathcal{L} \quad (\mathcal{K}_i = (K_i, D|_{K_i}))$$

が存在するとき，$\mathcal{L}/\mathcal{K}$ を**初等拡大**という．

（条件）$K_i = K_{i-1}(t_i)$ であって，t_i は次のいずれかをみたす．

(1) t_i は K_{i-1} 上代数的．

(2) $D(t_i) = D(s)/s$ をみたす $s \in K_{i-1}$ が存在する．

(3) $D(t_i)/t_i = D(s)$ をみたす $s \in K_{i-1}$ が存在する．

関数で解釈すれば，条件の (2) は $\log s$ を作ることに対応し，(3) は $\exp s$ を作ることに対応する．つまり，対数関数あるいは指数関数への代入により新たな関数を得ている．通常の微分のもとで有理関数体 $\mathbb{C}(x)$ の初等拡大に属す関数を**初等関数**という．

例 1.38　$\cos x$ が初等関数であることは次のようにして確かめられる．まず $\cos x = (\mathrm{e}^{ix} + \mathrm{e}^{-ix})/2$ より $\cos x$ は $\mathbb{C}(x, \mathrm{e}^{ix})$ に属すことがわかる．また，$(\mathrm{e}^{ix})'/\mathrm{e}^{ix} = i = (ix)'$ であり，$ix \in \mathbb{C}(x)$ であるから $\mathbb{C}(x, \mathrm{e}^{ix})/\mathbb{C}(x)$ は通常の微分のもとで初等拡大である．

例 1.39 x^x が初等関数であることも同様にしてわかる. 次の体拡大の列を考えればよい.

$$\mathbb{C}(x) \subset \mathbb{C}(x, \log x) \subset \mathbb{C}(x, \log x, e^{x \log x}) \ni e^{x \log x} = x^x.$$

定理 1.40 (Liouville の定理) $\mathcal{K} = (K, D)$ を微分体, $g \in K$ とする. 微分方程式 $y' = g$ が $\mathcal{K}$ のある初等拡大の中に解をもつなら, ある $c_1, \cdots, c_n \in C_{\mathcal{K}}$, $u_1, \cdots, u_n \in K^\times$ $(n \geq 0)$, $v \in K$ が存在して,

$$g = \sum_{i=1}^n c_i \frac{D(u_i)}{u_i} + D(v)$$

が成り立つ.

この証明には以下の 2 つの補題を用いる.

補題 1.41 L/K を有限次拡大, $\overline{K}$ を K の代数閉包とする. $n = [L : K]$ とおき, $\sigma_1, \cdots, \sigma_n$ を L から $\overline{K}$ の中への K 同型すべてとする. このとき, 任意の $x \in L$ に対して

$$\sum_i \sigma_i(x), \ \prod_i \sigma_i(x) \in K$$

が成り立つ. これらの値は $\overline{K}$ のとり方によらない. 前者を L/K における x のトレース, 後者をノルムという.

証明 まず L から $\overline{K}$ の中への K 同型の個数が n であることを確認しよう. $L = K(a)$ となる a がある. $P \in K[X]$ を a の最小多項式とすると, $\deg P = n$ である. P は重根をもたないから, その根を $r_1, \cdots, r_n \in \overline{K}$ $(r_i \neq r_j, i \neq j)$ とおく. $\sigma_i \colon L \to \overline{K}$ $(i = 1, \cdots, n)$ を

$$\alpha_0 + \alpha_1 a + \cdots + \alpha_{n-1} a^{n-1} \mapsto \alpha_0 + \alpha_1 r_i + \cdots + \alpha_{n-1} r_i^{n-1}$$

で定めると, σ_i は L から $\overline{K}$ の中への K 同型である. σ を L から $\overline{K}$ の中への K 同型とすると, $P(\sigma(a)) = 0$ である. よって $\sigma(a)$ はある r_i と等しい. σ は K 同型であるから $\sigma = \sigma_i$ が成り立つ. したがって, L から $\overline{K}$ の中への K 同型は $\sigma_1, \cdots, \sigma_n$ の n 個だけである.

次に，$L = K(a)$ とすると，$1, a, \cdots, a^{n-1}$ は L の K 上の基底であるから

$$x = \lambda_{11} + \lambda_{12}a + \cdots + \lambda_{1n}a^{n-1},$$

$$ax = \lambda_{21} + \lambda_{22}a + \cdots + \lambda_{2n}a^{n-1},$$

$$\vdots$$

$$a^{n-1}x = \lambda_{n1} + \lambda_{n2}a + \cdots + \lambda_{nn}a^{n-1},$$

$\lambda_{ij} \in K$，と表せる．$A = (\lambda_{ij})$ とおくと，

$$x \begin{pmatrix} 1 \\ a \\ \vdots \\ a^{n-1} \end{pmatrix} = A \begin{pmatrix} 1 \\ a \\ \vdots \\ a^{n-1} \end{pmatrix}$$

である．σ_i は K 同型であるから

$$\sigma_i(x) \begin{pmatrix} 1 \\ \sigma_i(a) \\ \vdots \\ \sigma_i(a)^{n-1} \end{pmatrix} = A \begin{pmatrix} 1 \\ \sigma_i(a) \\ \vdots \\ \sigma_i(a)^{n-1} \end{pmatrix}$$

となる．したがって

$$P = \begin{pmatrix} 1 & 1 & \cdots & 1 \\ \sigma_1(a) & \sigma_2(a) & \cdots & \sigma_n(a) \\ \vdots & \vdots & \ddots & \vdots \\ \sigma_1(a)^{n-1} & \sigma_2(a)^{n-1} & \cdots & \sigma_n(a)^{n-1} \end{pmatrix}$$

とおくと

$$P \begin{pmatrix} \sigma_1(x) & & & \\ & \sigma_2(x) & & \mathbf{0} \\ & & \ddots & \\ \mathbf{0} & & & \sigma_n(x) \end{pmatrix} = AP$$

である．ここで

$$\det P = \prod_{1 \le i < j \le n} (\sigma_j(a) - \sigma_i(a)) \ne 0$$

より P は正則であるから

$$\begin{pmatrix} \sigma_1(x) & & & \\ & \sigma_2(x) & & \text{\Large 0} \\ & & \ddots & \\ \text{\Large 0} & & & \sigma_n(x) \end{pmatrix} = P^{-1}AP$$

を得る．したがって

$$\prod_i \sigma_i(x) = \det(P^{-1}AP) = \det A \in K,$$

$$\sum_i \sigma_i(x) = \mathrm{Tr}(P^{-1}AP) = \mathrm{Tr}\,A \in K$$

である．また，A は $\overline{K}$ のとり方によらないから，これらの値も $\overline{K}$ のとり方によらない． $\square$

補題 1.42 $\mathcal{K} = (K, D_K)$ を微分体，$\mathcal{K}(t) = (K(t), D)$ を $\mathcal{K}$ の微分拡大とする．ここで $C_{\mathcal{K}(t)} = C_{\mathcal{K}}$ とし，t は K 上超越的で $D(t) \in K$ または $D(t)/t \in K$ をみたすものとする．$c_1, \cdots, c_n \in K$ $(n \ge 0)$ とし，$n \ge 1$ なら $\mathbb{Q}$ 上 1 次独立であるとする．さらに $u_1, \cdots, u_n \in K(t)^\times$，$v \in K(t)$ とする．このとき

$$\sum_{i=1}^{n} c_i \frac{D(u_i)}{u_i} + D(v) \in K[t] \tag{1.5}$$

なら $v \in K[t]$ であり，

$$\begin{cases} u_i \in K & (D(t) \in K \text{ の場合}), \\ u_i/t^{\nu_i} \in K, \ \nu_i \in \mathbb{Z} & (D(t)/t \in K \text{ の場合}) \end{cases}$$

が成り立つ．

証明 $\overline{K(t)}$ を $K(t)$ の代数閉包，$\overline{K} \subset \overline{K(t)}$ を K の代数閉包とし，$Q_i \subset \overline{K}$ を u_i の零点と極すべてからなる集合，$P \subset \overline{K}$ を v の極全体とする．

24　第 1 章　初等超越関数と微分代数

$$u_i = g_i \prod_{\alpha \in Q_i} (t - \alpha)^{\mu_{i\alpha}}, \quad g_i \in K^\times, \ \mu_{i\alpha} \in \mathbb{Z} \setminus \{0\}, \tag{1.6}$$

$$v = \sum_{\alpha \in P} \sum_{i=1}^{n_\alpha} \frac{h_{\alpha i}}{(t - \alpha)^i} + p, \quad n_\alpha \geq 1, \ h_{\alpha i} \in \overline{K}, \ h_{\alpha n_\alpha} \neq 0, \ p \in \overline{K}[t] \tag{1.7}$$

と表せる. L を, K に Q_i の元, P の元, $h_{\alpha i}$ および p の係数すべてを添加した体とする. L/K は有限次拡大である. $L(t)/K(t)$ も有限次拡大であるから, 定理 1.35 より微分 D は $L(t)$ に一意的に拡張される. これも D で表すことにする. このとき $(L, D|_L)$ は K の微分拡大体である. $\sigma_1, \cdots, \sigma_m$ を L から $\overline{K}$ の中への K 同型全体とする.

$$L' = K \left(\bigcup_{i=1}^m \sigma_i L \right) \subset \overline{K}$$

は K の有限次拡大であるから, K の微分 $D|_K$ の L' への拡張 D' がただ一つ存在する. σ_i は L から L' の中への K 同型であるから, 定理 1.36 より σ_i は $(L, D|_L)$ から (L', D') の中への微分同型である.

u_i, v の $L(t)$ における表示 (1.6), (1.7) を式 (1.5) に代入して

$$\sum_{i=1}^n c_i \left(\frac{D(g_i)}{g_i} + \sum_{\alpha \in Q_i} \mu_{i\alpha} \frac{D(t - \alpha)}{t - \alpha} \right) + \sum_{\alpha \in P} \sum_{i=1}^{n_\alpha} D \left(\frac{h_{\alpha i}}{(t - \alpha)^i} \right) + D(p)$$

$$\in K[t]$$

を得る. ここで対数微分の公式

$$\frac{D(ab)}{ab} = \frac{D(a)}{a} + \frac{D(b)}{b}, \quad \frac{D(a^\mu)}{a^\mu} = \mu \frac{D(a)}{a}$$

を用いた. $g_i \in K$, $D(t) \in K[t]$ に注意すると, これより

$$\sum_{i=1}^n \sum_{\alpha \in Q_i} c_i \mu_{i\alpha} \frac{D(t) - D(\alpha)}{t - \alpha} + \sum_{\alpha \in P} \sum_{i=1}^{n_\alpha} D \left(\frac{h_{\alpha i}}{(t - \alpha)^i} \right) \in L[t]$$

を得る. さらに $Q = \bigcup_{i=1}^n Q_i$ とおき, $\alpha \in Q \setminus Q_i$ に対して $\mu_{i\alpha} = 0$ と定めると,

$$\begin{aligned}
&\sum_{\alpha \in Q} \left(\sum_{i=1}^n c_i \mu_{i\alpha} \right) \frac{D(t) - D(\alpha)}{t - \alpha} \\
&+ \sum_{\alpha \in P} \sum_{i=1}^{n_\alpha} \left(\frac{D(h_{\alpha i})}{(t - \alpha)^i} - i h_{\alpha i} \frac{D(t) - D(\alpha)}{(t - \alpha)^{i+1}} \right) \in L[t]
\end{aligned} \tag{1.8}$$

を得る．以下，$D(t)$ により場合分けする．

(i) $D(t) \in K$ のとき，まず

$$D(t) - D(\alpha) \in L^\times \subset \overline{K}^\times \quad (\alpha \in P \cup Q)$$

を示す．$D(t) - D(\alpha) = 0$ と仮定しよう．簡単のため $D(t) = a$ とおく．

$$D'(\sigma_i(\alpha)) = \sigma_i(D(\alpha)) = \sigma_i(a) = a$$

であるから，

$$D'\left(\sum_{i=1}^m \sigma_i(\alpha)\right) = ma$$

である．ここで $\sum_{i=1}^m \sigma_i(\alpha)$ は L/K における α のトレースであるから K の元である．したがって $D'(b) = a$ となる $b \in K$ が存在する．$D'(b) = D(b)$ に注意すると，

$$D(t - b) = D(t) - D(b) = a - a = 0$$

であるから，$t - b \in C_{K(t)} = C_K \subset K$ がわかる．これは t が K 上超越的であることに反する．

この結果より，$P \neq \varnothing$ と仮定して $\beta \in P$ とすると，β は式 (1.8) の位数 $n_\beta + 1 \geq 2$ の極である．これは式 (1.8) が多項式であることに反する．したがって $P = \varnothing$ である．つまり $v \in K(t)$ は極をもたないから $v \in K[t]$ となる．実際，$v = a(t)/b(t)$ $(a(t), b(t) \in K[t]$ は互いに素$)$ と表すと，$a(t), b(t)$ は $\overline{K}[t]$ でも互いに素であるから，極の定義より $b(t) \in K$ を得る．これは $v \in K[t]$ を意味する．

以下，$n \geq 1$ としてよい．$P = \varnothing$ であるから式 (1.8) は

$$\sum_{\alpha \in Q} \left(\sum_{i=1}^n c_i \mu_{i\alpha}\right) \frac{D(t) - D(\alpha)}{t - \alpha} \in L[t] \tag{1.9}$$

である．これから次のようにして $Q_i = \varnothing$ $(i = 1, \cdots, n)$ がわかる．$Q_k \neq \varnothing$ と仮定し，$\beta \in Q_k$ とすると，式 (1.9) が多項式であることより，

$$\sum_{i=1}^n c_i \mu_{i\beta} = 0$$

を得る. $c_1, \cdots, c_n$ は $\mathbb{Q}$ 上 1 次独立であるから, $\mu_{1\beta} = \cdots = \mu_{n\beta} = 0$ である. これは $\mu_{k\beta} \neq 0$ に反する. したがって, $u_i = g_i \in K$ $(i = 1, \cdots, n)$ である.

(ii) $D(t)/t \in K$ のとき, $D(t)/t = a$ とおくと

$$\frac{D(t) - D(\alpha)}{t - \alpha} = \frac{at - D(\alpha)}{t - \alpha} = a + \frac{a\alpha - D(\alpha)}{t - \alpha}$$

となる. まず $\alpha \in P \cup Q$ に対して

$$\alpha \neq 0 \Longrightarrow a\alpha - D(\alpha) \neq 0 \tag{1.10}$$

であることを示す. $\alpha \neq 0$ かつ $a\alpha - D(\alpha) = 0$ と仮定しよう. このとき

$$\frac{D'(\sigma_i(\alpha))}{\sigma_i(\alpha)} = \sigma_i\left(\frac{D(\alpha)}{\alpha}\right) = \sigma_i(a) = a$$

であるから,

$$D'\left(\prod_{i=1}^m \sigma_i(\alpha)\right) \bigg/ \prod_{i=1}^m \sigma_i(\alpha) = \sum_{i=1}^m \frac{D'(\sigma_i(\alpha))}{\sigma_i(\alpha)} = ma$$

である. ここで $\prod_{i=1}^m \sigma_i(\alpha)$ は L/K における α のノルムであるから K の元である. これを $b \in K^\times$ とおくと,

$$\frac{D(t^m)}{t^m} = m\frac{D(t)}{t} = ma = \frac{D(b)}{b}$$

より $D(t^m/b) = 0$ がわかる. したがって $t^m/b \in C_{K(t)} = C_K \subset K$ となり矛盾. 次に式 (1.8) を次のように変形する.

$$\sum_{\alpha \in Q} \left(\sum_{i=1}^n c_i \mu_{i\alpha}\right)\left(a + \frac{a\alpha - D(\alpha)}{t - \alpha}\right)$$
$$+ \sum_{\alpha \in P} \sum_{i=1}^{n_\alpha} \left(\frac{D(h_{\alpha i})}{(t - \alpha)^i} - \frac{ih_{\alpha i}}{(t - \alpha)^i}\left(a + \frac{a\alpha - D(\alpha)}{t - \alpha}\right)\right) \in L[t],$$

$$\sum_{\alpha \in Q \backslash \{0\}} \left(\sum_{i=1}^n c_i \mu_{i\alpha}\right)\frac{a\alpha - D(\alpha)}{t - \alpha}$$
$$+ \sum_{\alpha \in P} \sum_{i=1}^{n_\alpha} \left(\frac{D(h_{\alpha i}) - iah_{\alpha i}}{(t - \alpha)^i} - ih_{\alpha i}\frac{a\alpha - D(\alpha)}{(t - \alpha)^{i+1}}\right) \in L[t]. \tag{1.11}$$

P が 0 でない元 β をもつと仮定すると, β はこの式の位数 $n_\beta + 1 \geq 2$ の極で

ある．これは多項式であることに反するから，P は 0 でない元をもたない．また，$P = \{0\}$ と仮定すると，式 (1.11) は

$$\sum_{\alpha \in Q \setminus \{0\}} \left(\sum_{i=1}^{n} c_i \mu_{i\alpha} \right) \frac{a\alpha - D(\alpha)}{t - \alpha} + \sum_{i=1}^{n_0} \frac{D(h_{0i}) - iah_{0i}}{t^i} \in L[t]$$

となるが，命題 (1.10) の場合と同様にして $h_{0n_0} \neq 0$ より $D(h_{0n_0}) - n_0 a h_{0n_0} \neq 0$ がわかるため，矛盾を得る．したがって，$P = \varnothing$ である．これは $v \in K[t]$ を意味する．

以下，$n \geq 1$ としてよい．今，式 (1.11) は

$$\sum_{\alpha \in Q \setminus \{0\}} \left(\sum_{i=1}^{n} c_i \mu_{i\alpha} \right) \frac{a\alpha - D(\alpha)}{t - \alpha} \in L[t]$$

である．Q_k が 0 でない元 β をもつと仮定すると，$\sum_{i=1}^{n} c_i \mu_{i\beta} = 0$ となるが，$c_1, \cdots, c_n$ は $\mathbb{Q}$ 上 1 次独立であるから

$$\mu_{1\beta} = \cdots = \mu_{n\beta} = 0$$

を得る．これは $\mu_{k\beta} \neq 0$ に反する．つまり，各 Q_i は $Q_i = \varnothing$ または $Q_i = \{0\}$ をみたす．式 (1.6) より $u_i = g_i$ または $u_i = g_i t^{\mu_{i0}}$ となるから，この補題の主張が成り立つ． $\square$

定理の証明 $y' = g$ が初等拡大 $\mathcal{L}/\mathcal{K}$ の中に解をもつとする．$\mathcal{L} = (L, D)$ と表す．ここで D は $\mathcal{K}$ の微分 D の拡張である．定数体をまとめて $C = C_{\mathcal{L}} = C_{\mathcal{K}}$ とおく．定義より $\mathcal{L}/\mathcal{K}$ に対して初等拡大の条件をみたす微分体の列

$$\mathcal{K} = \mathcal{K}_0 \subset \mathcal{K}_1 \subset \cdots \subset \mathcal{K}_N = \mathcal{L}$$

が存在する．ここで定義にしたがって $\mathcal{K}_i = (K_i, D|_{K_i})$，$K_i = K_{i-1}(t_i)$ とおく．定理を N に関する帰納法で示す．$N = 0$ のときは明らかであるから，$N \geq 1$ とし，$N - 1$ で成り立つとする．$y' = g$ は初等拡大 $\mathcal{L}/\mathcal{K}_1$ の中に解をもつから，帰納法の仮定より，ある $c_1, \cdots, c_n \in C$，$u_1, \cdots, u_n \in K_1^{\times}$ $(n \geq 0)$，$v \in K_1$ が存在して，

$$g = \sum_{i=1}^{n} c_i \frac{D(u_i)}{u_i} + D(v)$$

が成り立つ. ここで n を最小にとる. もし $n \geq 1$ なら $c_1, \cdots, c_n$ は $\mathbb{Q}$ 上 1 次独立である. 実際, $\mathbb{Q}$ 上 1 次従属であると仮定すると, $n \geq 2$ であり, 番号を付け替えることによって

$$c_n = \frac{1}{m}(m_1 c_1 + \cdots + m_{n-1} c_{n-1}), \quad m, m_i \in \mathbb{Z}$$

としてよい. したがって

$$\begin{aligned}
g &= \sum_{i=1}^{n-1} c_i \frac{D(u_i)}{u_i} + \frac{1}{m}(m_1 c_1 + \cdots + m_{n-1} c_{n-1})\frac{D(u_n)}{u_n} + D(v) \\
&= \sum_{i=1}^{n-1} \frac{c_i}{m} \frac{D(u_i^m)}{u_i^m} + \sum_{i=1}^{n-1} \frac{c_i}{m} \frac{D(u_n^{m_i})}{u_n^{m_i}} + D(v) \\
&= \sum_{i=1}^{n-1} \frac{c_i}{m} \frac{D(u_i^m u_n^{m_i})}{u_i^m u_n^{m_i}} + D(v)
\end{aligned}$$

と表せるが, これは n の最小性に反する.

次に, $t_1 = t$ とおき, t がみたす条件により場合分けしよう. ここで $K_1 = K(t)$ である.

(i) $D(t) = D(s)/s$, $s \in K$ かつ t が K 上超越的なとき, $g \in K \subset K[t]$ であるから, 補題 1.42 より

$$v \in K[t], \quad u_i \in K \quad (i = 1, \cdots, n)$$

となる. $v \in K$ ならよいので, 以下 $v \notin K$ とする.

$$v = \sum_{j=0}^{m} b_j t^j, \quad m \geq 1, \ b_j \in K, \ b_m \neq 0$$

と表すと,

$$\begin{aligned}
D(v) &= \sum_{j=0}^{m} D(b_j)t^j + \frac{D(s)}{s}\sum_{j=1}^{m} j b_j t^{j-1} \\
&= D(b_m)t^m + \left(D(b_{m-1}) + \frac{D(s)}{s}m b_m\right)t^{m-1} + \cdots
\end{aligned}$$

である. 一方, $D(v) = g - \sum_{i=1}^{n} c_i(D(u_i)/u_i) \in K$ であるから, $D(b_m) = 0$, つまり $b_m \in C$ がわかる. ここで $m \geq 2$ と仮定すると, さらに

$$D(b_{m-1}) + \frac{D(s)}{s}m b_m = 0,$$

$$D(b_{m-1} + mb_m t) = 0,$$

$$b_{m-1} + mb_m t \in C \subset K$$

がわかり，矛盾を得る．したがって $m = 1$ である．以上をまとめると

$$D(v) = D(b_0) + \frac{D(s)}{s} b_1, \quad b_0 \in K,\ b_1 \in C$$

となるから

$$g = \sum_{i=1}^{n} c_i \frac{D(u_i)}{u_i} + b_1 \frac{D(s)}{s} + D(b_0)$$

を得る．したがって，定理の主張が成り立つ．

(ii) $D(t)/t = D(s)$, $s \in K$ かつ t が超越的なとき，$g \in K \subset K[t]$ であるから，補題 1.42 より

$$v \in K[t],$$

$$\frac{u_i}{t^{\nu_i}} \in K,\ \nu_i \in \mathbb{Z} \quad (i = 1, \cdots, n)$$

がわかる．

$$u_i = a_i t^{\nu_i}, \quad a_i \in K$$

と表すと，

$$\frac{D(u_i)}{u_i} = \frac{D(a_i)}{a_i} + \nu_i \frac{D(t)}{t} = \frac{D(a_i)}{a_i} + \nu_i D(s)$$

となり，

$$g = \sum_{i=1}^{n} c_i \frac{D(a_i)}{a_i} + \sum_{i=1}^{n} c_i \nu_i D(s) + D(v)$$

$$= \sum_{i=1}^{n} c_i \frac{D(a_i)}{a_i} + D\left(v + \sum_{i=1}^{n} c_i \nu_i s \right)$$

を得る．$w = v + \sum_{i=1}^{n} c_i \nu_i s$ とおく．$w \in K[t]$ であるが，$w \in K$ ならよいので，以下 $w \notin K$ と仮定して矛盾を導く．

$$w = \sum_{j=0}^{m} b_j t^j, \quad m \geq 1,\ b_j \in K,\ b_m \neq 0$$

と表すと，

$$D(w) = \sum_{j=0}^{m} D(b_j) t^j + D(s) t \sum_{j=0}^{m} j b_j t^{j-1}$$
$$= \sum_{j=0}^{m} (D(b_j) + j b_j D(s)) t^j$$

となる. 一方, $D(w) = g - \sum_{i=1}^{n} c_i (D(a_i)/a_i) \in K$ であるから,

$$D(b_m) + m b_m D(s) = 0$$

が成り立つ. この等式から次の計算により $b_m t^m \in C \subset K$ を得るが, これは矛盾.

$$\frac{D(b_m)}{b_m} + m \frac{D(t)}{t} = 0,$$
$$\frac{D(b_m t^m)}{b_m t^m} = 0.$$

したがって $w \notin K$ とはならないから, 定理の主張が成り立つ.

(iii) t が K 上代数的なとき, $\overline{K}$ を K の代数閉包とし, $\sigma_1, \cdots, \sigma_m$ を $K(t)$ から $\overline{K}$ の中への K 同型全体とする. $L' = K(\sigma_1 t, \cdots, \sigma_m t) \subset \overline{K}$ は K の有限次拡大であるから, K の微分 $D|_K$ の L' への拡張 D' がただ一つ存在する. 定理 1.36 より σ_j は $(K(t), D)$ から (L', D') の中への微分同型であるから,

$$g = \sum_{i=1}^{n} c_i \frac{D'(\sigma_j(u_i))}{\sigma_j(u_i)} + D'(\sigma_j(v)) \quad (j = 1, \cdots, m)$$

を得る. よって総和をとると

$$mg = \sum_{i=1}^{n} c_i \sum_{j=1}^{m} \frac{D'(\sigma_j(u_i))}{\sigma_j(u_i)} + \sum_{j=1}^{m} D'(\sigma_j(v))$$
$$= \sum_{i=1}^{n} c_i \frac{D'\left(\prod_{j=1}^{m} \sigma_j(u_i)\right)}{\prod_{j=1}^{m} \sigma_j(u_i)} + D'\left(\sum_{j=1}^{m} \sigma_j(v)\right)$$

となる. つまり, ある $a_1, \cdots, a_n, b \in K$ が存在して,

$$g = \sum_{i=1}^{n} \frac{c_i}{m} \frac{D'(a_i)}{a_i} + D'\left(\frac{b}{m}\right)$$

が成り立つ. ここで $D'|_K = D|_K$ であるから, 定理の主張が成り立つ. □

最後に，$\displaystyle\int e^{-x^2}dx$ のような積分が初等関数かどうか判定する方法を紹介する.

定理 1.43 C を代数閉体とし，$f,g \in C(x)$，$f \neq 0$，$g \notin C$ とする．また，$\mathcal{K} = (C(x,t), D)$ を微分体で，$D(x) = 1$，$D(t)/t = D(g)$，$C_\mathcal{K} = C$ をみたすものとする[4]．このとき，次は同値である.

(1) $y' = ft$ が $\mathcal{K}$ のある初等拡大 $\mathcal{L}$ の中に解をもつ.

(2) $f = D(a) + aD(g)$ となる $a \in C(x)$ が存在する.

まず，以下の補題を示す.

補題 1.44 C を代数閉体とし，$g \subset C(x) \setminus C$ とする．また，$\mathcal{K} = (C(x,t), D)$ を微分体で，$D(x) = 1$，$D(t)/t = D(g)$，$C_\mathcal{K} = C$ をみたすものとする．このとき t は $C(x)$ 上超越的である.

証明 代数的と仮定して矛盾を導く．$\overline{C(x)}$ を $C(x)$ の代数閉包とし，$\sigma_1, \cdots, \sigma_m$ を $C(x,t)$ から $\overline{C(x)}$ の中への $C(x)$ 同型全体とする．$L' = C(x, \sigma_1 t, \cdots, \sigma_m t) \subset \overline{C(x)}$ は $C(x)$ の有限次拡大であるから，$C(x)$ の微分 $D|_{C(x)}$ の L' への拡張 D' が存在する．σ_i は $\mathcal{K} = (C(x,t), D)$ から (L', D') の中への微分同型であるから，

$$\frac{D'(\sigma_i t)}{\sigma_i t} = D(g)$$

を得る．よって総和をとると

$$mD(g) = \sum_{i=1}^{m} \frac{D'(\sigma_i t)}{\sigma_i t} = \frac{D'\left(\prod_{i=1}^{m} \sigma_i t\right)}{\prod_{i=1}^{m} \sigma_i t}$$

となる．もし $\displaystyle\prod_{i=1}^{m} \sigma_i t \in C(x)$ が零点か極をもつなら，右辺は位数 1 の極をもつ．実際，$\displaystyle\prod_{i=1}^{m} \sigma_i t = c \prod_j (x - \alpha_j)^{\mu_j}$ と表すと右辺は $\displaystyle\sum_j (\mu_j/(x - \alpha_j))$ である．一方，$g \in C(x)$ より左辺は位数 1 の極をもたない．よって $\displaystyle\prod_{i=1}^{m} \sigma_i t \in C$ がわかるが，

---

[4] t は e^g に対応する.

このとき右辺は 0 である．これは $g \notin C$ に反する． $\qquad\qquad\square$

定理の証明 (1)$\Rightarrow$(2) 補題より t は $C(x)$ 上超越的である．定理 1.40 より，ある $c_1, \cdots, c_n \in C,\ u_1, \cdots, u_n, v \in C(x, t)\ (n \geq 0)$ が存在して

$$ft = \sum_{i=1}^{n} c_i \frac{D(u_i)}{u_i} + D(v)$$

が成り立つ．n を最小にとると，定理 1.40 の証明における議論と同様にして，$n \geq 1$ なら $c_1, \cdots, c_n$ は $\mathbb{Q}$ 上 1 次独立であることがわかる．よって補題 1.42 より

$$v \in C(x)[t],$$

$$\frac{u_i}{t^{\nu_i}} \in C(x),\ \nu_i \in \mathbb{Z} \quad (i = 1, \cdots, n)$$

を得る．ここで

$$\frac{D(u_i t^{-\nu_i})}{u_i t^{-\nu_i}} = \frac{D(u_i)}{u_i} - \nu_i \frac{D(t)}{t} = \frac{D(u_i)}{u_i} - \nu_i D(g)$$

より

$$\frac{D(u_i)}{u_i} = \frac{D(u_i t^{-\nu_i})}{u_i t^{-\nu_i}} + \nu_i D(g) \in C(x)$$

であるから，

$$ft = D(v) + (C(x) \text{ の元}) \tag{1.12}$$

となる．よって，t が $C(x)$ 上超越的であることより $v \notin C(x)$ でなければならない．

$$v = \sum_{j=0}^{m} b_j t^j, \quad m \geq 1,\ b_j \in C(x),\ b_m \neq 0$$

と表すと，

$$D(v) = \sum_{j=0}^{m} D(b_j) t^j + D(g) t \sum_{j=0}^{m} j b_j t^{j-1} = \sum_{j=0}^{m} (D(b_j) + j b_j D(g)) t^j$$

となる．ここで $D(b_m) + m b_m D(g) \neq 0$ である．実際，$D(b_m) + m b_m D(g) = 0$ と仮定すると

$$\frac{D(b_m)}{b_m} = -mD(g), \quad b_m \in C(x), \; g \in C(x) \setminus C$$

であり，極の位数をみて矛盾を得る．したがって式 (1.12) より $m=1$ がわかる．さらに式 (1.12) の t に関して 1 次の項を係数比較すると，

$$f = D(b_1) + b_1 D(g), \quad b_1 \in C(x)$$

を得る．

(2)$\Rightarrow$(1) $at \in C(x, t)$ かつ

$$D(at) = D(a)t + aD(g)t = ft$$

であるから，$y' = ft$ は $\mathcal{K}$ の中に解をもつ． $\qquad\square$

例 1.45 $\displaystyle\int \mathrm{e}^{-x^2} dx$ が初等関数ではないことを背理法で示そう．初等関数であると仮定する．つまり，$\displaystyle\int \mathrm{e}^{-x^2} dx$ は通常の微分 D の下で有理関数体 $(\mathbb{C}(x), D)$ の初等拡大 $\mathcal{L} = (L, D)$ に属すと仮定する．$D(\int \mathrm{e}^{-x^2} dx) = \mathrm{e}^{-x^2}$ より $\mathrm{e}^{-x^2} \in L$ であることに注意する．$\mathcal{K} = (\mathbb{C}(x, \mathrm{e}^{-x^2}), D)$ とおくと，$\mathcal{L}/\mathcal{K}$ は初等拡大である[5]．定理 1.43 において $C = \mathbb{C}$, $f = 1$, $g = -x^2$, $t = \mathrm{e}^{-x^2}$ として考えると，$1 = a' + a \cdot (-2x)$ となる $a \in \mathbb{C}(x)$ が存在することがわかる．もし a が位数 m の極をもつなら，右辺は位数 $m+1$ の極をもつが，左辺は極をもたないから矛盾．よって $a \subset \mathbb{C}[x] \setminus \{0\}$ である．ここで両辺の次数を比較する．$a \in \mathbb{C}$ なら右辺の次数が 1 となり矛盾．また，$a \notin \mathbb{C}$ のときも $\deg a' < \deg 2ax$ より右辺の次数は 2 以上となり矛盾を得る．

例 1.46 $\displaystyle\int (\mathrm{e}^x/x) dx$ が初等関数ではないことも示そう．初等関数であると仮定すると，前の例と同様に $1/x = a' + a \cdot 1$ となる $a \in \mathbb{C}(x)$ が存在することがわかる．もし a が位数 m の極をもつなら，右辺は位数 $m+1 \geq 2$ の極をも

---

[5] $\mathbb{C}(x) = K_0 \subset K_1 \subset \cdots \subset K_n = L$ に対して $\mathbb{C}(x, \mathrm{e}^{-x^2}) = K_0(\mathrm{e}^{-x^2}) \subset K_1(\mathrm{e}^{-x^2}) \subset \cdots \subset K_n(\mathrm{e}^{-x^2}) = L$ のように考えればよい．ここで $K_i = K_{i-1}(t_i)$ なら $K_i(\mathrm{e}^{-x^2}) = K_{i-1}(\mathrm{e}^{-x^2}, t_i)$ である．

34   第 1 章 初等超越関数と微分代数

つが，左辺には位数 1 の極しかないから矛盾．よって $a \in \mathbb{C}[x]$ である．これより右辺が多項式であることがわかり，矛盾を得る．

第2章

差分方程式

差分代数に入る前に，差分方程式の基本的事柄を紹介する[1]．

2.1 差分

話を単純にするため，本節では Ω を

$$x \in \Omega \Longrightarrow x + 1 \in \Omega$$

をみたす区間または領域とする．例として，全区間や区間 $(0, \infty)$, あるいは全平面や領域 $\operatorname{Re} x > 0$ が挙げられる．

定義 2.1 Ω 上の関数 $f(x)$ に対して，

$$\Delta f(x) = f(x+1) - f(x)$$

を $f(x)$ の1階差分（あるいは単に差分）という．$\Delta f(x)$ もまた Ω 上の関数である．さらに $\Delta^n f(x)$ を $\Delta(\Delta^{n-1} f(x))$ により帰納的に定め，これを n 階差分という．なお，定数 $h \neq 0$ に対して

$$\Delta_h f(x) = \frac{f(x+h) - f(x)}{h}$$

も差分という[2]．$\lim_{h \to 0} \Delta_h f(x)$ は微分の定義そのものである．

以下，$\Delta(= \Delta_1)$ について簡単に紹介する．

---

[1] 本章の内容のうち，通常の差分については杉山 [38] と Boole [3] を参考にしている．

[2] これは Ω では考えていない．

35

36 第 2 章 差分方程式

定理 2.2 次の公式が成り立つ.

(1) 定数 α, β に対して $\Delta(\alpha f(x) + \beta g(x)) = \alpha \Delta f(x) + \beta \Delta g(x)$.

(2) $\Delta(f(x)g(x)) = g(x+1)\Delta f(x) + f(x)\Delta g(x)$.

(3) $\Delta(f(x)g(x)) = f(x+1)\Delta g(x) + g(x)\Delta f(x)$.

(4) Ω のいたるところ $g(x) \neq 0$ なら

$$\Delta\left(\frac{f(x)}{g(x)}\right) = \frac{g(x)\Delta f(x) - f(x)\Delta g(x)}{g(x)g(x+1)}.$$

証明 (1) 定義にしたがって次のように計算すればよい.

$$\Delta(\alpha f(x) + \beta g(x)) = \alpha f(x+1) + \beta g(x+1) - (\alpha f(x) + \beta g(x))$$
$$= \alpha(f(x+1) - f(x)) + \beta(g(x+1) - g(x))$$
$$= \alpha \Delta f(x) + \beta \Delta g(x).$$

(2) 同様に,

$$\Delta(f(x)g(x)) = f(x+1)g(x+1) - f(x)g(x)$$
$$= g(x+1)(f(x+1) - f(x)) + f(x)(g(x+1) - g(x))$$
$$= g(x+1)\Delta f(x) + f(x)\Delta g(x).$$

(3) $f(x)g(x) = g(x)f(x)$ であるから, (2) よりわかる.

(4) 定義に従って計算すると,

$$\Delta\left(\frac{f(x)}{g(x)}\right) = \frac{f(x+1)}{g(x+1)} - \frac{f(x)}{g(x)}$$
$$= \frac{f(x+1)g(x) - f(x)g(x+1)}{g(x)g(x+1)}$$
$$= \frac{g(x)(f(x+1) - f(x)) - f(x)(g(x+1) - g(x))}{g(x)g(x+1)}$$
$$= \frac{g(x)\Delta f(x) - f(x)\Delta g(x)}{g(x)g(x+1)}$$

となる. □

例 2.3 x^3 の差分は次のようになる.

$$\Delta x^3 = (x+1)^3 - x^3 = 3x^2 + 3x + 1,$$

$$\Delta^2 x^3 = \Delta(3x^2 + 3x + 1) = 3\Delta x^2 + 3\Delta x + \Delta 1$$

$$= 3(2x+1) + 3 + 0 = 6x + 6,$$

$$\Delta^3 x^3 = \Delta(\Delta^2 x^3) = \Delta(6x+6) = 6,$$

$$\Delta^4 x^3 = \Delta 6 = 0.$$

このように, x^n の差分は微分と比べて項が多くなってしまう. 多項式には次の階乗関数が便利である.

例 2.4

$$x^{[n]} = \begin{cases} x(x-1)\cdots(x-n+1) & (n = 1, 2, 3 \cdots) \\ 1 & (n = 0) \\ \dfrac{1}{(x+1)(x+2)\cdots(x+(-n))} & (n = -1, -2, -3, \cdots) \end{cases}$$

を**階乗関数**という. 任意の多項式は階乗関数の 1 次結合で表せる. 例えば,

$$x^{[1]} = x, \quad x^{[2]} = x(x-1) = x^2 - x,$$

$$x^{[3]} = x(x-1)(x-2) = x^3 - 3x^2 + 2x$$

より

$$x^3 = x^{[3]} + 3x^2 - 2x = x^{[3]} + 3(x^{[2]} + x) - 2x = x^{[3]} + 3x^{[2]} + x^{[1]}$$

である. 階乗関数の差分が

$$\Delta x^{[n]} = nx^{[n-1]}$$

となることを示そう. $n = 0, 1$ のときは明らか. $n \geq 2$ のとき,

$$\Delta x^{[n]} = (x+1)x(x-1)\cdots(x-n+2) - x(x-1)\cdots(x-n+1)$$

$$= nx(x-1)\cdots(x-n+2) = nx^{[n-1]},$$

38　第 2 章　差分方程式

$n \leq -1$ のとき,

$$\Delta x^{[n]} = \frac{1}{(x+2)(x+3)\cdots(x+1+(-n))} - \frac{1}{(x+1)(x+2)\cdots(x+(-n))}$$

$$= \frac{(x+1) - (x+1+(-n))}{(x+1)(x+2)\cdots(x+1+(-n))} = nx^{[n-1]}$$

であるから, 成り立つ. また, 差分を繰り返すと

$$\Delta^k x^{[n]} = n(n-1)\cdots(n-k+1)x^{[n-k]}$$

を得る. 特に $n \geq 0$ なら $\Delta^n x^{[n]} = n!$, $k > n \geq 0$ なら $\Delta^k x^{[n]} = 0$ である.

例 2.5　指数関数と対数関数の差分は次のようになる.

$$\Delta a^x = a^{x+1} - a^x = (a-1)a^x,$$

$$\Delta^n a^x = (a-1)^n a^x,$$

$$\Delta \log x = \log(x+1) - \log x = \log\left(1 + \frac{1}{x}\right).$$

例 2.6　三角関数の差分は次のようになる.

$$\Delta \sin(ax+b) = \sin(ax+b+a) - \sin(ax+b)$$

$$= 2\sin\frac{a}{2}\cos\left(ax+b+\frac{a}{2}\right)$$

$$= 2\sin\frac{a}{2}\sin\left(ax+b+\frac{a+\pi}{2}\right),$$

$$\Delta^n \sin(ax+b) = \left(2\sin\frac{a}{2}\right)^n \sin\left(ax+b+\frac{n(a+\pi)}{2}\right),$$

$$\Delta \cos(ax+b) = \cos(ax+b+a) - \cos(ax+b)$$

$$= -2\sin\frac{a}{2}\sin\left(ax+b+\frac{a}{2}\right)$$

$$= 2\sin\frac{a}{2}\cos\left(ax+b+\frac{a+\pi}{2}\right),$$

$$\Delta^n \cos(ax+b) = \left(2\sin\frac{a}{2}\right)^n \cos\left(ax+b+\frac{n(a+\pi)}{2}\right).$$

例 2.7　ガンマ関数 $\Gamma(x)$ は

$$\Gamma(x+1) = x\Gamma(x)$$

をみたすから，対数をとると，

$$\log \Gamma(x+1) = \log x + \log \Gamma(x),$$

$$\Delta \log \Gamma(x) = \log x$$

のように $\log \Gamma(x)$ の差分がわかる．さらに微分すると

$$\Delta \frac{\Gamma'(x)}{\Gamma(x)} = \frac{1}{x}$$

を得る．

2.2 和分

引き続き，区間または領域である Ω で考える．

定義 2.8 関数 $f(x)$ に対して，

$$\Delta y(x) = f(x)$$

をみたす関数 $y(x)$ を $f(x)$ の**和分**といい，$\sum f(x)$ と表す．原始関数と同様に，和分は一意的には決まらない．実際，和分 $y_0(x)$ が 1 つわかっているとき，

$$y(x) \text{ が和分} \iff \Delta y(x) = f(x) (= \Delta y_0(x))$$

$$\iff \Delta(y(x) - y_0(x)) = 0$$

$$\iff y(x) - y_0(x) = c(x) \text{ とおくと } c(x+1) = c(x)$$

$$\iff y(x) = y_0(x) + c(x) \quad (c(x) \text{ は周期 1 の周期関数})$$

が成り立つ．したがって

$$\sum f(x) = y_0(x) + c(x) \quad (c(x) \text{ は周期 1 の周期関数})$$

と表せる．積分定数と同様に，$c(x)$ は省略することがある．

定理 2.9 次の公式が成り立つ．

(1) $a(x), b(x)$ を周期 1 の周期関数とすると，

$$\sum(a(x)f(x) + b(x)g(x)) = a(x)\sum f(x) + b(x)\sum g(x).$$

40   第 2 章　差分方程式

(2) $\sum(f(x)\Delta g(x)) = f(x)g(x) - \sum(g(x+1)\Delta f(x))$.

証明　(1) $y(x) = \sum f(x)$, $z(x) = \sum g(x)$ とすると，

$$\Delta(a(x)y(x) + b(x)z(x))$$

$$= a(x+1)y(x+1) - a(x)y(x) + b(x+1)z(x+1) - b(x)z(x)$$

$$= a(x)\Delta y(x) + b(x)\Delta z(x)$$

$$= a(x)f(x) + b(x)g(x)$$

であるから，

$$\sum(a(x)f(x) + b(x)g(x)) = a(x)y(x) + b(x)z(x)$$
$$= a(x)\sum f(x) + b(x)\sum g(x).$$

(2) 公式より

$$\Delta(f(x)g(x)) = g(x+1)\Delta f(x) + f(x)\Delta g(x)$$

であるから，

$$\sum(f(x)\Delta g(x)) = \sum(\Delta(f(x)g(x)) - g(x+1)\Delta f(x))$$
$$= f(x)g(x) - \sum(g(x+1)\Delta f(x)).$$

$\square$

例 2.10　$n \neq -1$ のとき，$\Delta x^{[n+1]} = (n+1)x^{[n]}$ より

$$\sum x^{[n]} = \frac{1}{n+1}x^{[n+1]}.$$

例 2.11　$a \neq 1$ のとき，$\Delta a^x = (a-1)a^x$ より

$$\sum a^x = \frac{1}{a-1}a^x.$$

例 2.12　$a \neq 2n\pi$ $(n = 0, \pm1, \pm2, \cdots)$ のとき，

$$\Delta \sin\left(ax + b - \frac{a+\pi}{2}\right) = 2\sin\frac{a}{2}\sin(ax+b)$$

より

$$\sum \sin(ax+b) = \left(2\sin\frac{a}{2}\right)^{-1}\sin\left(ax+b-\frac{a+\pi}{2}\right).$$

例 2.13 $a \neq 1$ のとき

$$\sum(xa^x) = \sum\left(x\Delta\left(\frac{1}{a-1}a^x\right)\right)$$

$$= x\cdot\frac{1}{a-1}a^x - \sum\left(\frac{a}{a-1}a^x\right)$$

$$= \frac{1}{a-1}xa^x - \frac{a}{a-1}\cdot\frac{1}{a-1}a^x$$

$$= \frac{a^x}{a-1}\left(x - \frac{a}{a-1}\right).$$

このように，公式を用いると色々な和分が計算できる．次に和分を級数の計算に応用しよう．

定理 2.14 $\Delta y(x) = f(x)$ であるとき，$m \in \mathbb{Z}\cap\Omega$, $n \geq m$ に対して

$$\sum_{k=m}^{n} f(k) = \sum_{k=m}^{n}\left(y(k+1)-y(k)\right)$$

$$= (y(n+1)-y(n)) + (y(n)-y(n-1))$$

$$+ \cdots + (y(m+1)-y(m))$$

$$= y(n+1) - y(m)$$

が成り立つ．

例 2.15 $1^2 + 2^2 + \cdots + n^2$ を求めよう．$x^2 = x^{[2]} + x^{[1]}$ より

$$\sum x^2 = \frac{1}{3}x^{[3]} + \frac{1}{2}x^{[2]}$$

であるから，

$$\sum_{k=1}^{n} k^2 = \left(\frac{1}{3}(n+1)^{[3]} + \frac{1}{2}(n+1)^{[2]}\right) - \left(\frac{1}{3}1^{[3]} + \frac{1}{2}1^{[2]}\right)$$

$$= \frac{1}{3}(n+1)n(n-1) + \frac{1}{2}(n+1)n$$

$$= \frac{1}{6}n(n+1)(2n+1).$$

42   第 2 章 差分方程式

例 2.16 次に

$$\frac{1}{1 \cdot 2} + \frac{1}{2 \cdot 3} + \cdots + \frac{1}{n(n+1)}$$

を求めよう.

$$\sum \frac{1}{(x+1)(x+2)} = \sum x^{[-2]} = -x^{[-1]}$$

であるから,

$$\sum_{k=0}^{n-1} \frac{1}{(k+1)(k+2)} = -n^{[-1]} - (-0^{[-1]})$$

$$= -\frac{1}{n+1} + 1$$

$$= \frac{n}{n+1}.$$

例 2.17 最後に, $a \neq 2k\pi$ $(k = 0, \pm 1, \pm 2, \cdots)$ としたときの

$$\sin(b) + \sin(a+b) + \sin(2a+b) + \cdots + \sin(an+b)$$

を求める.

$$\sum \sin(ax+b) = \left(2\sin\frac{a}{2}\right)^{-1} \sin\left(ax+b-\frac{a+\pi}{2}\right)$$

であったから,

$$\sum_{k=0}^{n} \sin(ak+b)$$

$$= \left(2\sin\frac{a}{2}\right)^{-1} \left(\sin\left(a(n+1)+b-\frac{a+\pi}{2}\right) - \sin\left(b-\frac{a+\pi}{2}\right)\right)$$

$$= \left(2\sin\frac{a}{2}\right)^{-1} 2\cos\left(\frac{a(n+1)+2b-(a+\pi)}{2}\right) \sin\left(\frac{a(n+1)}{2}\right)$$

$$= \left(\sin\frac{a}{2}\right)^{-1} \cos\left(\frac{an+2b-\pi}{2}\right) \sin\frac{a(n+1)}{2}$$

$$= \left(\sin\frac{a}{2}\right)^{-1} \sin\left(\frac{an}{2}+b\right) \sin\frac{a(n+1)}{2}.$$

2.3 変換と方程式

前節と同様に Ω で考える.

定義 2.18 $y(x), \Delta y(x), \cdots, \Delta^n y(x)$ に関する方程式は，$\Delta^k y(x)$ が

$$y(x), y(x+1), \cdots, y(x+k)$$

により表せることから，

$$y(x), y(x+1), \cdots, y(x+n)$$

に関する方程式に書き換えられる．本章では後者を**差分方程式**という．また，この方程式に $y(x+n)$ が実際に現れるとき，n **階差分方程式**といい，n を**階数**という．

例 2.19 和分の関係 $\Delta y(x) = f(x)$ は，$\Delta y(x) = y(x+1) - y(x)$ により，1 階差分方程式 $y(x+1) - y(x) = f(x)$ に書き換えられる．

定義 2.20 関数 $f(x)$ に対して $\tau f(x) = f(x+1)$ を $f(x)$ の**第 1 変換**（あるいは単に**変換**）という．さらに $\tau^n f(x)$ を $\tau(\tau^{n-1} f(x))$ により帰納的に定め，これを**第 n 変換**という．$\tau^n f(x) = f(x+n)$ が成り立つ．差分方程式は，いわば変換の間の関係式である．また，$\tau c(x) = c(x)$ をみたす関数 $c(x)$ を**不変関数** (invariant) という．これは周期 1 の周期関数にほかならない．

例 2.21 $c(x)$ を不変関数とし，$y(x) = c(x)a^x$ と定める．うまく $c(x)$ を消去すると，$y(x)$ がみたす差分方程式を得る．実際，

$$\tau y(x) = c(x+1)a^{x+1} = c(x)a^{x+1}$$

より，

$$\tau y(x) = ay(x)$$

という関係式が成り立つ．これは 1 階差分方程式である．

例 2.22 $c(x)$ を不変関数とする．$y(x) = c(x)x + c(x)^2$ と定めると，

$$\tau y(x) = c(x)(x+1) + c(x)^2 = y(x) + c(x)$$

より，

$$c(x) = \tau y(x) - y(x) = \Delta y(x)$$

44　第 2 章　差分方程式

が成り立つ．これを $y(x)$ の定義式に代入すると，

$$y(x) = x\Delta y(x) + (\Delta y(x))^2$$

という方程式を得る．一般に，

$$y(x) = x\Delta y(x) + f(\Delta y(x))$$

の形の方程式を **Clairault 型差分方程式**という．

　次に，差分方程式が与えられたときに，それをみたす関数を求めてみよう．

　例 2.23 (斉次 1 階線形差分方程式)

$$\tau y(x) = a(x)y(x) + b(x)$$

を 1 階線形差分方程式といい，$b(x)$ を非斉次項という．$b(x)$ が現れないとき，方程式は**斉次**であるという．ここでは斉次 1 階線形差分方程式

$$\tau y(x) = a(x)y(x)$$

の解法を紹介する．次のような解の見つけ方がある．方程式全体に対数をとって，

$$\log y(x+1) = \log y(x) + \log a(x)$$

を得る．これは

$$\Delta \log y(x) = \log a(x)$$

を意味するから，

$$\log y(x) = \sum \log a(x) + c(x)$$

と表せる．したがって

$$y(x) = \mathrm{e}^{c(x)} \exp\left(\sum \log a(x)\right)$$

となり，解

$$y(x) = c(x) \exp\left(\sum \log a(x)\right) \quad (c(x) \text{ は不変関数})$$

が見つかる．この計算結果を検証しよう．

$$f(x) = \sum \log a(x)$$

が Ω 上の関数として得られたとき, $\exp f(x)$ は Ω の至るところ 0 でない関数
であり, 解の 1 つである. 実際,

$$\tau(\exp f(x)) = \exp f(x+1) = \exp(\Delta f(x) + f(x))$$

$$= \exp(\log a(x) + f(x))$$

$$= a(x) \exp f(x)$$

が成り立つ. このとき, $y(x)$ を解とすると,

$$\tau\left(\frac{y(x)}{\exp f(x)}\right) = \frac{a(x)y(x)}{a(x)\exp f(x)} = \frac{y(x)}{\exp f(x)}$$

より

$$\frac{y(x)}{\exp f(x)} = c(x) \quad (c(x) \text{ は不変関数})$$

と表せる. したがって

$$y(x) = c(x)\exp f(x) = c(x)\exp\left(\sum \log a(x)\right)$$

となる. また, 任意の不変関数 $c(x)$ に対して, この形の関数は解である.

例 2.24 斉次 1 階線形差分方程式 $\tau y(x) = (x-a)y(x)$ を上の解法にならっ
て解くと,

$$\log y(x+1) = \log y(x) + \log(x-a),$$

$$\Delta \log y(x) = \log(x-a),$$

$$\log y(x) = \sum \log(x-a) = \log \Gamma(x-a) + c(x),$$

$$y(x) = \mathrm{e}^{c(x)}\Gamma(x-a)$$

より,

$$y(x) = c(x)\Gamma(x-a) \quad (c(x) \text{ は不変関数})$$

となる. 一般に,

$$\tau y(x) = \alpha(x-a_1)\cdots(x-a_n)y(x) \quad (\alpha \neq 0)$$

の解は,

$$\sum \log \alpha(x - a_1) \cdots (x - a_n)$$

$$= \sum (\log \alpha + \log(x - a_1) + \cdots + \log(x - a_n))$$

$$= x \log \alpha + \log \Gamma(x - a_1) + \cdots + \log \Gamma(x - a_n)(+c(x))$$

より，

$$y(x) = c(x)\alpha^x \Gamma(x - a_1) \cdots \Gamma(x - a_n)$$

である．ここで $c(x)$ は任意の不変関数である．

例 2.25 (非斉次 1 階線形差分方程式) 1 階線形差分方程式

$$\tau y(x) = a(x)y(x) + b(x)$$

について，非斉次項がある場合の解法は次の通り．まず，非斉次項 $b(x)$ を除いた斉次方程式 $\tau y(x) = a(x)y(x)$ の解を，解法にしたがって

$$y(x) = c(x)g(x)$$

の形で求める．次に不変関数 $c(x)$ を関数 $z(x)$ に置き換えた $y(x) = z(x)g(x)$ を元の方程式に代入して，以下のように計算する．

$$\tau(z(x))a(x)g(x) = a(x)z(x)g(x) + b(x),$$

$$a(x)g(x)\Delta z(x) = b(x),$$

$$\Delta z(x) = \frac{b(x)}{a(x)g(x)},$$

$$z(x) = \sum \frac{b(x)}{a(x)g(x)} + c(x).$$

これにより，解

$$y(x) = g(x)z(x) = g(x)\left(\sum \frac{b(x)}{a(x)g(x)} + c(x) \right) \quad (c(x) \text{ は不変関数})$$

が見つかる．ここでも計算結果を検証しよう．

$$f(x) = \sum \log a(x)$$

が Ω 上の関数として得られたとする．このとき，$\exp f(x)$ は Ω の至るところ 0 でない関数であり，非斉次項 $b(x)$ を除いた方程式 $\tau y(x) = a(x)y(x)$ の解は

$$y(x) = c(x) \exp f(x)$$

の形で表せた. $y(x)$ を元の非斉次方程式の解とし,

$$z(x) = \frac{y(x)}{\exp f(x)}$$

と定める.

$$\tau z(x) = \frac{a(x)y(x) + b(x)}{a(x) \exp f(x)} = z(x) + \frac{b(x)}{a(x) \exp f(x)}$$

より

$$\Delta z(x) = \frac{b(x)}{a(x) \exp f(x)}$$

であるから,

$$z(x) = \sum \frac{b(x)}{a(x) \exp f(x)} + c(x) \quad (c(x) \text{ は不変関数})$$

と表せる. したがって

$$y(x) = (\exp f(x))z(x) = (\exp f(x)) \left(\sum \frac{b(x)}{a(x) \exp f(x)} + c(x) \right)$$

である. また, 任意の不変関数 $c(x)$ に対して, この形の関数は解である. 実際,

$$z(x) = \sum \frac{b(x)}{a(x) \exp f(x)}$$

とおいて計算すると,

$$y(x) = (\exp f(x))(z(x) + c(x))$$

より

$$\begin{aligned}
\tau y(x) &= a(x)(\exp f(x))(\Delta z(x) + z(x) + c(x)) \\
&= a(x)(\exp f(x)) \left(\frac{b(x)}{a(x) \exp f(x)} + z(x) + c(x) \right) \\
&= b(x) + a(x)y(x)
\end{aligned}$$

となる.

48　第 2 章　差分方程式

例 2.26　非斉次な $\tau y(x) = 2y(x) + x + 1$ を，上の解法にならって解く．まず，非斉次項を除いた $\tau y(x) = 2y(x)$ を解くと，

$$\log y(x+1) = \log y(x) + \log 2,$$

$$\Delta \log y(x) = \log 2,$$

$$\log y(x) = x \log 2 + c(x),$$

$$y(x) = e^{c(x)} e^{x \log 2},$$

$$y(x) = c(x) 2^x.$$

次に，$y(x) = z(x) 2^x$ を元の方程式に代入すると，

$$(\tau z(x)) 2^{x+1} = 2z(x) 2^x + x + 1 = 2^{x+1} z(x) + x + 1,$$

$$2^{x+1} \Delta z(x) = x + 1,$$

$$\Delta z(x) = \frac{x+1}{2^{x+1}}$$

となるから，

$$
\begin{aligned}
z(x) &= \sum \left(\frac{1}{2}(x+1) \left(\frac{1}{2} \right)^x \right) = \sum \left(-(x+1) \Delta \left(\frac{1}{2} \right)^x \right) \\
&= -(x+1) \left(\frac{1}{2} \right)^x - \sum \left(-\frac{1}{2} \left(\frac{1}{2} \right)^x \right) \\
&= -(x+1) \left(\frac{1}{2} \right)^x - \left(\frac{1}{2} \right)^x + c(x) \\
&= - \left(\frac{1}{2} \right)^x (x+2) + c(x).
\end{aligned}
$$

したがって

$$y(x) = 2^x \left(- \left(\frac{1}{2} \right)^x (x+2) + c(x) \right) = c(x) 2^x - x - 2.$$

例 2.27 (定数係数 2 階線形差分方程式)

$$\tau^2 y(x) - a\tau y(x) - by(x) = 0 \quad (a, b \text{ は定数})$$

を斉次の**定数係数 2 階線形差分方程式**という．$b = 0$ のときは $\tau y(x)$ に関する 1 階の方程式であるため，以下では $b \neq 0$ とする．この方程式をベクトル表示すると，

$$\begin{pmatrix} \tau y(x) \\ \tau^2 y(x) \end{pmatrix} = \begin{pmatrix} 0 & 1 \\ b & a \end{pmatrix} \begin{pmatrix} y(x) \\ \tau y(x) \end{pmatrix}$$

である.

$$A = \begin{pmatrix} 0 & 1 \\ b & a \end{pmatrix}$$

とおく. A の固有多項式は $t^2 - at - b$ であり, これが $(t-\alpha)(t-\beta)$ と因数分解されたとする. このとき α と β は 0 でない複素数である. A の Jordan 標準形を用いて方程式を解こう. 付録 A1 で詳説するように, 対角行列でない 2 次行列の標準形は 2 種類ある.

(i) $\alpha \neq \beta$ のとき, A の標準形は

$$P^{-1}AP = \begin{pmatrix} \alpha & 0 \\ 0 & \beta \end{pmatrix}$$

である.

$$\begin{pmatrix} z_1(x) \\ z_2(x) \end{pmatrix} = P^{-1} \begin{pmatrix} y(x) \\ \tau y(x) \end{pmatrix}$$

とおくと,

$$\begin{pmatrix} \tau z_1(x) \\ \tau z_2(x) \end{pmatrix} = P^{-1} \begin{pmatrix} \tau y(x) \\ \tau^2 y(x) \end{pmatrix} = P^{-1}A \begin{pmatrix} y(x) \\ \tau y(x) \end{pmatrix}$$

$$= (P^{-1}AP)P^{-1} \begin{pmatrix} y(x) \\ \tau y(x) \end{pmatrix}$$

$$= \begin{pmatrix} \alpha & 0 \\ 0 & \beta \end{pmatrix} \begin{pmatrix} z_1(x) \\ z_2(x) \end{pmatrix}$$

が成り立つ. つまり $z_1(x), z_2(x)$ は次の連立方程式をみたす関数である.

$$\begin{cases} \tau z_1(x) = \alpha z_1(x), \\ \tau z_2(x) = \beta z_2(x). \end{cases}$$

これを解くと,

50　第 2 章　差分方程式

$$z_1(x) = \gamma_1(x)\alpha^x, \quad z_2(x) = \gamma_2(x)\beta^x \quad (\gamma_1(x), \gamma_2(x) \text{ は不変関数})$$

を得る．したがって

$$\begin{pmatrix} y(x) \\ \tau y(x) \end{pmatrix} = P \begin{pmatrix} \gamma_1(x)\alpha^x \\ \gamma_2(x)\beta^x \end{pmatrix}$$

となり，

$$y(x) = c_1(x)\alpha^x + c_2(x)\beta^x$$

と表せることがわかる．ここで $c_1(x), c_2(x)$ は不変関数である．また，任意の不変関数 $c_1(x), c_2(x)$ に対して，この形の関数は解である．

(ii) $\alpha = \beta$ のとき，A の標準形は

$$P^{-1}AP = \begin{pmatrix} \alpha & 1 \\ 0 & \alpha \end{pmatrix}$$

である．(i) と同様に

$$\begin{pmatrix} z_1(x) \\ z_2(x) \end{pmatrix} = P^{-1} \begin{pmatrix} y(x) \\ \tau y(x) \end{pmatrix}$$

とおくと，

$$\begin{pmatrix} \tau z_1(x) \\ \tau z_2(x) \end{pmatrix} = \begin{pmatrix} \alpha & 1 \\ 0 & \alpha \end{pmatrix} \begin{pmatrix} z_1(x) \\ z_2(x) \end{pmatrix}$$

を得る．$\tau z_2(x) = \alpha z_2(x)$ より

$$z_2(x) = \gamma_2(x)\alpha^x \quad (\gamma_2(x) \text{ は不変関数})$$

である．したがって $z_1(x)$ は非斉次 1 階線形差分方程式

$$\tau z_1(x) = \alpha z_1(x) + \gamma_2(x)\alpha^x$$

をみたす．これを解くと，

$$\sum \frac{\gamma_2(x)\alpha^x}{\alpha \cdot \alpha^x} = \sum \frac{\gamma_2(x)}{\alpha} = \frac{\gamma_2(x)}{\alpha}x + \gamma_1(x) \quad (\gamma_1(x) \text{ は不変関数})$$

より

$$z_1(x) = \alpha^x \left(\frac{\gamma_2(x)}{\alpha} x + \gamma_1(x) \right) = \gamma_1(x)\alpha^x + \gamma_2(x)x\alpha^{x-1}$$

である．したがって

$$\begin{pmatrix} y(x) \\ \tau y(x) \end{pmatrix} = P \begin{pmatrix} \gamma_1(x)\alpha^x + \gamma_2(x)x\alpha^{x-1} \\ \gamma_2(x)\alpha^x \end{pmatrix}$$

となり，

$$y(x) = c_1(x)\alpha^x + c_2(x)x\alpha^x$$

と表せることがわかる．ここで $c_1(x), c_2(x)$ は不変関数である．また，任意の不変関数 $c_1(x), c_2(x)$ に対して，この形の関数は解である．実際，$x\alpha^x$ が解であることは次の計算で確かめられる．α が $(t^2 - at - b)' = 2t - a$ の根であることに注意すると，

$$(x+2)\alpha^2\alpha^x - a(x+1)\alpha\alpha^x - bx\alpha^x$$
$$= (\alpha^2 - a\alpha - b)x\alpha^x + (2\alpha^2 - a\alpha)\alpha^x$$
$$= 0$$

となる．

2.4　q 差分方程式と Poincaré の乗法公式

$$y(x+1) = \frac{1-q^x}{1-q}y(x) \quad (0 < q < 1)$$

のような係数が q^x で表されている差分方程式に対しては，変数変換 $t = q^x$ により

$$Y(qt) = \frac{1-t}{1-q}Y(t)$$

のようにして考えることが多い．本節では，このような形の方程式を扱う．

定義 2.28　$y(t), y(qt), \cdots, y(q^n t)$ に関する方程式を q 差分方程式という．$q \in \mathbb{C}^\times$ は $|q| > 1$ あるいは $|q| < 1$ をみたすものとすることが多い．なお，$\tau_q y(t) = y(qt)$ により定まる作用素 τ_q を q 変換作用素（q-shift operator）という．

52 第 2 章 差分方程式

例 2.29 $q \in \mathbb{C}$, $|q| > 1$ とする.

$$T_q(t) = \sum_{n=0}^{\infty} \frac{t^n}{q^{\frac{n(n+1)}{2}}} \quad (t \in \mathbb{C})$$

により定義される関数 $T_q(t)$ を**チャカロフ関数**という. これは q 差分方程式

$$y(qt) = 1 + ty(t)$$

をみたす. $q \in \mathbb{Z}$ のとき, 任意の $t \in \mathbb{Q}^\times$ に対して $T_q(t)$ は無理数であることが知られている. この証明は, 例えば Duverney 著, 塩川訳「数論」[5] に載っている.

例 2.30 $\cos x$ の倍角公式

$$\cos 2x = 2(\cos x)^2 - 1$$

も q 差分方程式といえる ($q = 2$).

一般に, 次の方程式も q 差分方程式とみなせる.

定義 2.31 (Poincaré の乗法公式 [28])

$$\begin{cases} \varphi_1(mx) = R_1(\varphi_1(x), \varphi_2(x), \cdots, \varphi_n(x)), \\ \varphi_2(mx) = R_2(\varphi_1(x), \varphi_2(x), \cdots, \varphi_n(x)), \\ \quad \vdots \\ \varphi_n(mx) = R_n(\varphi_1(x), \varphi_2(x), \cdots, \varphi_n(x)) \end{cases}$$

において, $R_1, \cdots, R_n \in \mathbb{C}(X_1, \cdots, X_n)$, $m \in \mathbb{C}$, $|m| > 1$ であり次が成り立つとき, これを **Poincaré の乗法公式**という.

(1) $R_i(0, \cdots, 0) = 0$ $(i = 1, \cdots, n)$. これにより $R_i \in \mathbb{C}[[X_1, \cdots, X_n]]$ とみなせる[3].

---

[3] (1) は

$$R_i = \frac{A_i}{B_i}, \quad A_i, B_i \in \mathbb{C}[X_1, \cdots, X_n], \ B_i(0, \cdots, 0) \neq 0, \ A_i(0, \cdots, 0) = 0$$

と表せるということである. $B(0, \cdots, 0) \neq 0$ をみたす $B \in \mathbb{C}[X_1, \cdots, X_n]$ は定理 A2.5 より $\mathbb{C}[[X_1, \cdots, X_n]]$ の中に乗法の逆元をもつから, $R_i \in \mathbb{C}[[X_1, \cdots, X_n]]$ とみなせる.

2.4 q 差分方程式と Poincaré の乗法公式　53

(2) $R_i = (\beta_{i1}X_1 + \cdots + \beta_{in}X_n) + (2\,$次以上の項$)$ と表し，行列 B を

$$B = \begin{pmatrix} \beta_{11} & \cdots & \beta_{1n} \\ \vdots & \ddots & \vdots \\ \beta_{n1} & \cdots & \beta_{nn} \end{pmatrix}$$

により定める．このとき m は B の固有値であり，$m^p\ (p = 2, 3\cdots)$ は B の固有値でない．

Poincaré の乗法公式が $\mathbb{C}$ 上の有理型関数解 $(\varphi_1, \cdots, \varphi_n) \neq 0$ をもつことを示そう．ここでは Poincaré の論文 [28] に沿って優級数を用いた証明を行う．

補題 2.32 Poincaré の乗法公式は形式的ベキ級数解

$$(\varphi_1, \cdots, \varphi_n) \neq 0, \quad \varphi_i = \sum_{k=1}^{\infty} \alpha_{ik} x^k$$

をもつ．これは $(\alpha_{11}, \cdots, \alpha_{n1})$ に関して一意的である．

証明　$\varphi_i = \sum_{k=1}^{\infty} \alpha_{ik} x^k\ (i = 1, \cdots, n)$ に対して $\varphi_i(mx)$ の $x^p\ (p \geq 1)$ の係数は

$$\varphi_i(mx) = \sum_{k=1}^{\infty} m^k \alpha_{ik} x^k$$

より $m^p \alpha_{ip}$ である．$R_i(\varphi_i(x), \cdots, \varphi_n(x))$ の $x^p\ (p \geq 1)$ の係数[4]は

---

[4]　$\qquad R_i = \dfrac{A_i}{B_i}, \quad A_i, B_i \in \mathbb{C}[X_1, \cdots, X_n],\ B_i(0, \cdots, 0) \neq 0$

と表し，$R_i \in \mathbb{C}[[X_1, \cdots, X_n]]$ とみなすと，$\mathbb{C}[[X_1, \cdots, X_n]]$ の中で $B_i R_i = A_i$ である．したがって

$$B_i(\varphi_1, \cdots, \varphi_n) R_i(\varphi_1, \cdots, \varphi_n) = A_i(\varphi_1, \cdots, \varphi_n) \quad (\in \mathbb{C}[[x]])$$

であり，

$$R_i(\varphi_1, \cdots, \varphi_n) = \frac{A_i(\varphi_1, \cdots, \varphi_n)}{B_i(\varphi_1, \cdots, \varphi_n)}$$

が成り立つ．つまり R_i を $\mathbb{C}(X_1, \cdots, X_n)$ の元とみなしても $\mathbb{C}[[X_1, \cdots, X_n]]$ の元とみなしても代入した結果は同じである．

$$R_i \left(\sum_{k=1}^{p} \alpha_{1k} x^k, \cdots, \sum_{k=1}^{p} \alpha_{nk} x^k \right)$$

$$= \left(\beta_{i1} \sum_{k=1}^{p} \alpha_{1k} x^k + \cdots + \beta_{in} \sum_{k=1}^{p} \alpha_{nk} x^k \right) + (2 \text{ 次以上の項への代入})$$

の x^p の係数と等しく,

$$(\beta_{i1}\alpha_{1p} + \cdots + \beta_{in}\alpha_{np}) + \gamma_{ip}$$

と表せる. ここで $\gamma_{i1} = 0$ とし, γ_{ip} $(p \geq 2)$ は

$$R_i \left(\sum_{k=1}^{p-1} \alpha_{1k} x^k, \cdots, \sum_{k=1}^{p-1} \alpha_{nk} x^k \right) \in \mathbb{C}[[x]]$$

の x^p の係数とする. 以上により

$$m^p \alpha_{ip} = (\beta_{i1}\alpha_{1p} + \cdots + \beta_{in}\alpha_{np}) + \gamma_{ip}$$

が任意の $1 \leq i \leq n$, $p \geq 1$ に対して成り立つことは $(\varphi_1, \cdots, \varphi_n)$ が解であるための必要十分条件である. これはまた任意の $p \geq 1$ に対して

$$(B - m^p E)^t (\alpha_{1p}, \cdots, \alpha_{np}) = -^t(\gamma_{1p}, \cdots, \gamma_{np})$$

が成り立つことと同値である. $p \geq 2$ に対して $\det(B - m^p E) \neq 0$ であるから, 条件をみたす $(\alpha_{1p}, \cdots, \alpha_{np})$ は $(\alpha_{11}, \cdots, \alpha_{n1})$ から帰納的かつ一意的に定まる. $p = 1$ のとき

$$(B - mE)^t (\alpha_{11}, \cdots, \alpha_{n1}) = 0$$

および $\det(B - mE) = 0$ より, 0 でない $(\alpha_{11}, \cdots, \alpha_{n1})$ がとれるから補題の主張を得る. $\qquad\square$

補題 2.33 (Poincaré の優級数) 上のベキ級数解は収束ベキ級数である.

証明 まず優級数を構成しよう.

Step 1 : $F_{ij}(s)$ を $B - sE$ の (i, j) 余因子とする. このとき $H > 1$ であって任意の $p = 2, 3, \cdots$ と $1 \leq i, j \leq n$ に対して

$$\left| \frac{m^p F_{ij}(m^p)}{\det(B - m^p E)} \right| < H$$

となるものが存在することを示す. $\deg_s \det(B - sE) = n$, $\deg_s F_{ij}(s) < n$ で
あるから,

$$\lim_{p \to \infty} \frac{m^p F_{ij}(m^p)}{\det(B - m^p E)}$$

は収束する. したがって $H_{ij} > 1$ であって

$$\left| \frac{m^p F_{ij}(m^p)}{\det(B - m^p E)} \right| < H_{ij} \quad (p = 2, 3, \cdots)$$

となるものが存在する. $H = \max_{i,j} H_{ij}$ とおけばよい.

Step 2 : $q > 1$ であって

$$q^p - q < \frac{|m|^p}{nH} \quad (p = 1, 2, \cdots)$$

となるものが存在することを示す. $q_0 \in \mathbb{R}$, $p_0 \in \mathbb{Z}$ を次のようにとる.

$$1 < q_0 < |m|, \quad p_0 = \frac{\log nH}{\log |m| - \log q_0} > 1.$$

これは

$$\lim_{q_0 \to |m| - 0} \frac{\log nH}{\log |m| - \log q_0} = +\infty$$

より可能である. さらに

$$q_1^{p_0} - q_1 - \frac{|m|}{nH} = 0$$

をみたす $q_1 > 1$ をとる. これも

$$x^{p_0} - x - \frac{|m|}{nH} = x(x^{p_0-1} - 1) - \frac{|m|}{nH} \to +\infty \quad (x \to +\infty)$$

が $x = 1$ で負であるから可能である. q を $1 < q < \min\{q_0, q_1\}$ をみたすように
とる. このとき任意の $p \geq p_0$ に対して

$$\frac{q^p - q}{|m|^p} < \frac{q^p}{|m|^p} < \left(\frac{q_0}{|m|} \right)^p \leq \left(\frac{q_0}{|m|} \right)^{p_0} = \frac{1}{nH}$$

であり, 任意の $1 \leq p < p_0$ に対して

$$q^p - q \leq q_1^p - q_1 < q_1^{p_0} - q_1 = \frac{|m|}{nH} \leq \frac{|m|^p}{nH}$$

56　第 2 章　差分方程式

である.

　Step 3 : 次の条件をみたす $M > 0$, $a > 0$ が存在することを示す.

- 各 i に対して

$$R_i - \beta_{i1}X_1 - \cdots - \beta_{in}X_n \in \mathbb{C}[[X_1, \cdots, X_n]]$$

　の各係数の絶対値が

$$\frac{MS^2}{1 - aS}, \quad S = X_1 + \cdots + X_n$$

　の対応する係数の値以下である.

少し長くなる.

$$R_i = \frac{A}{B}, \quad A, B \in \mathbb{C}[X_1, \cdots, X_n], \ B(0, \cdots, 0) = 1, \ A(0, \cdots, 0) = 0$$

とおくと

$$R_i = \frac{A}{1 - (1 - B)} = A(1 + (1 - B) + (1 - B)^2 + \cdots)$$

と表せる.

$$A = \sum a_{i_1, \cdots, i_n} X_1^{i_1} \cdots X_n^{i_n} \in \mathbb{C}[X_1, \cdots, X_n]$$

とおき,

$$A'(S) = \sum |a_{i_1, \cdots, i_n}| S^{i_1 + \cdots + i_n} \in \mathbb{R}[S] \subset \mathbb{R}[X_1, \cdots, X_n]$$

とおくと, A の各係数の絶対値は A' の対応する係数の値以下である. これは $S^{i_1 + \cdots + i_n} = \cdots + (X_1^{i_1} \cdots X_n^{i_n}) + \cdots$ であることからわかる. このとき

$$A'(0) = |a_{0, \cdots, 0}| = |A(0, \cdots, 0)| = 0$$

が成り立つ. $C = 1 - B$ とおき, C に対しても同様に $C'(S) \in \mathbb{R}[S]$ を定めると,

$$C'(0) = |1 - B(0, \cdots, 0)| = 0$$

が成り立つ.

$$R_i = A(1 + C + C^2 + \cdots) \in \mathbb{C}[[X_1, \cdots, X_n]]$$

の各係数の絶対値は

2.4 q 差分方程式と Poincaré の乗法公式 57

$$R_i'(S) = A'(1 + C' + C'^2 + \cdots) \in \mathbb{R}[[S]] \subset \mathbb{R}[[X_1, \cdots, X_n]]$$

とおくと R_i' の対応する係数の値以下となる. $R_i' = A'/(1 - C') \in \mathbb{R}(S)$ である
から, 定理 A2.16 より R_i' は収束ベキ級数であることがわかる. したがって

$$R_i' = b_1 S + b_2 S^2 + \cdots$$

とおくとテイラー展開の係数の評価より, $M_i \geq 0$, $r_i > 0$ であって $|b_p| \leq M_i/r_i^p$
($p = 1, 2, \cdots$) となるものが存在する. $M > \max_i(M_i/r_i^2)$, $a = \max_i r_i^{-1}$ とす
ると,

$$
\begin{aligned}
R_i' &\ll \frac{M_i}{r_i} S + \frac{M_i}{r_i^2} S^2 + \frac{M_i}{r_i^3} S^3 + \cdots \\
&= \frac{M_i}{r_i} S + \frac{M_i}{r_i^2} S^2 \left(1 + \frac{1}{r_i} S + \frac{1}{r_i^2} S^2 + \cdots \right) \\
&\ll \frac{M_i}{r_i} S + M S^2 (1 + aS + a^2 S^2 + \cdots) \\
&= \frac{M_i}{r_i} S + \frac{M S^2}{1 - aS}
\end{aligned}
$$

が成り立つから, R_i の各係数の絶対値は最後の式の対応する係数の値以下であ
る. $R_i - \beta_{i1} X_1 - \cdots - \beta_{in} X_n$ は R_i から 1 次の項をすべて除いたものである
から, 主張を得る.

Step 4 : $b > \max\{nM/q, a\}$ をみたす $b > 0$ をとる.

Step 5 : 各 i に対し

$$R_i' = qX_i + \frac{n^{-1} q b S^2}{1 - bS} \in \mathbb{R}(X_1, \cdots, X_n)$$

とおく.

Step 6 :

$$
\begin{cases}
\varphi_1'(qx) = R_1'(\varphi_1'(x), \cdots, \varphi_n'(x)), \\
\quad \vdots \\
\varphi_n'(qx) = R_n'(\varphi_1'(x), \cdots, \varphi_n'(x))
\end{cases}
$$

は Poincaré の乗法公式である. 実際 $R_i'(0, \cdots, 0) = 0$ であり,

58　第 2 章　差分方程式

$$R'_i = qX_i + \frac{1}{n}qbS^2(1 + bS + b^2S^2 + \cdots)$$

より, 定義における行列 B は

$$B' = \begin{pmatrix} q & & & \\ & q & & \text{\Large 0} \\ & & \ddots & \\ \text{\Large 0} & & & q \end{pmatrix}$$

である. この固有値は q のみであるから, 主張は正しい.

　Step 7 : 上の方程式の形式的ベキ級数解

$$(\varphi'_1, \cdots, \varphi'_n) \neq 0, \quad \varphi'_i = \sum_{k=1}^{\infty} \alpha'_{ik} x^k$$

のうち $\alpha'_{11} = \cdots = \alpha'_{n1} > \max\{|\alpha_{11}|, \cdots, |\alpha_{n1}|\}$ をみたすものをとる. これは以下の理由から可能である. 前の補題の証明より $\alpha'_{11}, \cdots, \alpha'_{n1}$ のみたすべき条件は

$$(B' - qE)^t(\alpha'_{11}, \cdots, \alpha'_{n1}) = 0$$

である. ここで $(B' - qE) = O$ であるから, どのようにとってもよいことがわかる.

　Step 8 : $\varphi'_1 = \varphi'_2 = \cdots = \varphi'_n$ が成り立つことを示す. 任意の i, j に対して

$$\varphi'_i(qx) - \varphi'_j(qx)$$
$$= q\varphi'_i + \frac{n^{-1}qb(\varphi'_1 + \cdots + \varphi'_n)^2}{1 - b(\varphi'_1 + \cdots + \varphi'_n)} - q\varphi'_j - \frac{n^{-1}qb(\varphi'_1 + \cdots + \varphi'_n)^2}{1 - b(\varphi'_1 + \cdots + \varphi'_n)}$$
$$= q(\varphi'_i - \varphi'_j)$$

であるから

$$\sum_{k=1}^{\infty} q^k \alpha'_{ik} x^k - \sum_{k=1}^{\infty} q^k \alpha'_{jk} x^k = q\left(\sum_{k=1}^{\infty} \alpha'_{ik} x^k - \sum_{k=1}^{\infty} \alpha'_{jk} x^k\right),$$

つまり

$$\sum_{k=1}^{\infty} q^k(\alpha'_{ik} - \alpha'_{jk})x^k = q\sum_{k=1}^{\infty}(\alpha'_{ik} - \alpha'_{jk})x^k$$

が成り立つ. これより $k \geq 2$ に対しては $\alpha'_{ik} - \alpha'_{jk} = 0$ となるから,

$$\alpha'_{1k} = \alpha'_{2k} = \cdots = \alpha'_{nk} \quad (k \geq 2)$$

を得る. 定義より $\alpha'_{11} = \alpha'_{21} = \cdots = \alpha'_{n1}$ であるから

$$\varphi'_1 = \varphi'_2 = \cdots = \varphi'_n$$

が成り立つ.

Step 9 : $\varphi'_1 \in \mathbb{C}(x)$ を示す.

$$\varphi'_1(qx) = q\varphi'_1 + \frac{n^{-1}qb(n\varphi'_1)^2}{1 - bn\varphi'_1} = \frac{q\varphi'_1}{1 - bn\varphi'_1}$$

より

$$n\varphi'_1(qx) = \frac{q(n\varphi'_1)}{1 - b(n\varphi'_1)}$$

と表せる.

$$\psi = \frac{n\varphi'_1}{q - 1 + b(n\varphi'_1)}$$

とおくと,

$$\psi(qx) = \frac{q(n\varphi'_1)}{1 - b(n\varphi'_1)} \left(q - 1 + \frac{qb(n\varphi'_1)}{1 - b(n\varphi'_1)} \right)^{-1}$$

$$= q(n\varphi'_1)((q - 1)(1 - b(n\varphi'_1)) + qb(n\varphi'_1))^{-1}$$

$$- \frac{q(n\varphi'_1)}{q - 1 + b(n\varphi'_1)} - q\psi(x)$$

となる. $\psi \in \mathbb{C}((x))$ であり

$$\mathrm{ord}\,\psi = \mathrm{ord}\,n\varphi'_1 - \mathrm{ord}(q - 1 + b(n\varphi'_1)) = 1 - 0 = 1$$

であるから, $\psi(x) = \sum_{k=1}^{\infty} b_k x^k$ とおくと

$$\sum_{k=1}^{\infty} q^k b_k x^k = q \sum_{k=1}^{\infty} b_k x^k = \sum_{k=1}^{\infty} q b_k x^k$$

となり, $b_2 = b_3 = \cdots = 0$ を得る. したがって

60 第 2 章 差分方程式

$$\frac{n\varphi_1'}{q-1+b(n\varphi_1')} = \psi = b_1 x$$

であり，計算により

$$\varphi_1' = \frac{(q-1)b_1 x}{n(1-bb_1 x)} \in \mathbb{C}(x)$$

がわかる.

Step 10 : $\varphi_i \ll \varphi_i'$ $(i = 1, \cdots, n)$ を示す. 任意の $p \geq 1$ に対して $|\alpha_{ip}| \leq \alpha_{ip}'$ $(i = 1, \cdots, n)$ が成り立つことを帰納法で示せばよい. $p = 1$ のときは定義より成り立つ. $p \geq 2$ とし, $p - 1$ まで成り立つとする.

$$R_i - \beta_{i1}X_1 - \cdots - \beta_{in}X_n = \sum c_{i_1,\cdots,i_n} X_1^{i_1} \cdots X_n^{i_n}$$

の各係数の絶対値は

$$\frac{MS^2}{1-aS} = MS^2(1 + aS + a^2 S^2 + \cdots)$$

の対応する係数の値以下であるから，Step 4 より

$$R_i' - qX_i = \frac{n^{-1}qbS^2}{1-bS} = \frac{1}{n}qbS^2(1 + bS + b^2 S^2 + \cdots)$$
$$= \sum c_{i_1,\cdots,i_n}' X_1^{i_1} \cdots X_n^{i_n}$$

の対応する係数の値以下である. つまり $|c_{i_1,\cdots,i_n}| \leq c_{i_1,\cdots,i_n}'$ が成り立つ. $\gamma_{ip}, \gamma_{ip}'$ をそれぞれ

$$R_i\left(\sum_{k=1}^{p-1} \alpha_{1k}x^k, \cdots, \sum_{k=1}^{p-1} \alpha_{nk}x^k\right),$$
$$R_i'\left(\sum_{k=1}^{p-1} \alpha_{1k}'x^k, \cdots, \sum_{k=1}^{p-1} \alpha_{nk}'x^k\right)$$

の x^p の係数とすると，$\gamma_{ip}, \gamma_{ip}'$ はそれぞれ

$$\sum c_{i_1,\cdots,i_n} \left(\sum_{k=1}^{p-1} \alpha_{1k}x^k\right)^{i_1} \cdots \left(\sum_{k=1}^{p-1} \alpha_{nk}x^k\right)^{i_n},$$
$$\sum c_{i_1,\cdots,i_n}' \left(\sum_{k=1}^{p-1} \alpha_{1k}'x^k\right)^{i_1} \cdots \left(\sum_{k=1}^{p-1} \alpha_{nk}'x^k\right)^{i_n},$$

の x^p の係数と等しいから $|\gamma_{ip}| \le \gamma'_{ip}$ $(i = 1, \cdots, n)$ が成り立つ．したがって

$$|\gamma_{1p}| + |\gamma_{2p}| + \cdots + |\gamma_{np}| \le \gamma'_{1p} + \gamma'_{2p} + \cdots + \gamma'_{np} = n\gamma'_{ip}$$

を得る．$p \ge 2$ を仮定しているから，前の補題の証明より

$$\begin{pmatrix} \alpha_{1p} \\ \vdots \\ \alpha_{np} \end{pmatrix} = -\frac{1}{\det(B - m^p E)} \begin{pmatrix} F_{11}(m^p) & \cdots & F_{n1}(m^p) \\ \vdots & \ddots & \vdots \\ F_{1n}(m^p) & \cdots & F_{nn}(m^p) \end{pmatrix} \begin{pmatrix} \gamma_{1p} \\ \vdots \\ \gamma_{np} \end{pmatrix}$$

が成り立つ．したがって

$$|m|^p |\alpha_{ip}| = \left| \frac{m^p}{\det(B - m^p E)} \right| |F_{1i}(m^p)\gamma_{1p} + \cdots + F_{ni}(m^p)\gamma_{np}|$$

$$\le H(|\gamma_{1p}| + \cdots + |\gamma_{np}|)$$

$$\le H \cdot n\gamma'_{ip}$$

となり，

$$|\alpha_{ip}| \le \frac{nH}{|m|^p}\gamma'_{ip} \le \frac{1}{q^p - q}\gamma'_{ip} = \alpha'_{ip}$$

を得る．

Step 11：$\varphi'_i \in \mathbb{C}[[x]]$ は Step 9 より $\varphi'_i \in \mathbb{C}(x)$ をみたすから，定理 A2.16 より $\varphi'_i \in \mathbb{C}\{x\}$ がわかる．したがって定理 A2.14 より $\varphi_i \in \mathbb{C}\{x\}$ が成り立つ．□

定理 2.34 上のベキ級数解に対して，$\displaystyle\sum_{k=1}^{\infty} \alpha_{ik} x^k$ の収束半径を $r_i \in (0, \infty]$, $r = \min_i r_i$ とし，正則関数 $\varphi_i^{(0)}(x) = \displaystyle\sum_{k=1}^{\infty} \alpha_{ik} x^k$ $(x \in D(0; r))$ を定める．このとき，$\mathbb{C}$ 上の有理型関数解であって $(\varphi_1^{(0)}(x), \cdots, \varphi_n^{(0)}(x))$ の拡張であるものが存在する．

証明 ベキ級数として

$$\varphi_i(mx) = R_i(\varphi_1(x), \cdots, \varphi_n(x))$$

であるから，有理型関数として

62　第 2 章　差分方程式

$$\varphi_i^{(0)}(mx) = R_i(\varphi_1^{(0)}(x), \cdots, \varphi_n^{(0)}(x)) \quad (x \in D(0; r/|m|))$$

が成り立つ[5]. 以下, $r < \infty$ としてよい. $x \in D(0; r)$ に対して

$$\varphi_i^{(0)}(x) = R_i(\varphi_1^{(0)}(x/m), \cdots, \varphi_n^{(0)}(x/m))$$

である[6]. この等式において, $\varphi_i^{(0)}(x) \in H(D(0; r))$ より $\varphi_i^{(0)}(x/m) \in H(D(0; r|m|))$ であるから, 右辺は $D(0; r|m|)$ 上の有理型関数である.

$$\varphi_i^{(1)}(x) = R_i(\varphi_1^{(0)}(x/m), \cdots, \varphi_n^{(0)}(x/m)) \quad (x \in D(0; r|m|))$$

と定める. $x \in D(0; r)$ に対して $\varphi_i^{(1)}(x) = \varphi_i^{(0)}(x)$ が成り立つことに注意する. $\varphi_i^{(1)}(x/m)$ は $D(0; r|m|^2)$ 上の有理型関数であるから[7],

$$\varphi_i^{(2)}(x) = R_i(\varphi_1^{(1)}(x/m), \cdots, \varphi_n^{(1)}(x/m)) \quad (x \in D(0; r|m|^2))$$

と定めると $\varphi_i^{(2)}(x)$ は $D(0; r|m|^2)$ 上の有理型関数となる. また, $x \in D(0; r|m|)$ に対して

$$\begin{aligned}
\varphi_i^{(2)}(x) &= R_i(\varphi_1^{(1)}(x/m), \cdots, \varphi_n^{(1)}(x/m)) \\
&= R_i(\varphi_1^{(0)}(x/m), \cdots, \varphi_n^{(0)}(x/m)) \\
&= \varphi_i^{(1)}(x)
\end{aligned}$$

が成り立つ. 同様に $\varphi_i^{(3)}(x), \varphi_i^{(4)}(x), \cdots$ を定めると, $\varphi_i^{(j)}(x)$ は $D(0; r|m|^j)$ 上の有理型関数であり, $x \in D(0; r|m|^{j-1})$ に対して $\varphi_i^{(j)}(x) = \varphi_i^{(j-1)}(x)$ をみたす. $\beta \in \mathbb{C}$ に対して $|\beta| < r|m|^j$ をみたす最小の $j \in \mathbb{Z}_{\geq 0}$ をとり, $\varphi_i^{(\infty)}(\beta) = \varphi_i^{(j)}(\beta)$ と定める. $\varphi_i^{(\infty)}(x)$ は $\mathbb{C}$ 上の有理型関数になる. さらに $x \in D(0; r|m|^j)$ に対して

---

[5]　$R_i(0, \cdots, 0) = 0$ に注意し R_i を分数 A_i/B_i で表して考えるとよい.

$$\varphi_i^{(0)}(mx) B_i(\varphi_1^{(0)}(x), \cdots, \varphi_n^{(0)}(x)) = A_i(\varphi_1^{(0)}(x), \cdots, \varphi_n^{(0)}(x))$$

は正則関数の等式であるから系 A2.12 が使える.

[6]　すぐ前の議論で x に x/m を代入すればよい.

[7]　有理型関数の定義に戻って考えるとよい. なお e^x は $\mathbb{C}$ 上の有理型関数であるが, 有理型関数 $1/x$ を代入した $e^{1/x}$ は $x = 0$ で有理型関数の条件をみたさない. 有理型関数への正則関数の代入は有理型関数になる.

$$R_i(\varphi_1^{(\infty)}(x), \cdots, \varphi_n^{(\infty)}(x)) = R_i(\varphi_1^{(j)}(x), \cdots, \varphi_n^{(j)}(x))$$
$$= \varphi_i^{(j+1)}(mx) = \varphi_i^{(\infty)}(mx)$$

が成り立つ. したがって $(\varphi_1^{(\infty)}(x), \cdots, \varphi_n^{(\infty)}(x))$ は Poincaré の乗法公式の解である. □

2.5 Mahler 型方程式

次章から差分方程式を代数的に扱うが, それにともない変換が抽象化される. その結果, d を 2 以上の整数として $\tau y(x) = y(x^d)$ も変換になる. この変換に関する方程式を Mahler 型方程式という. 例を 1 つだけ紹介しよう.

収束ベキ級数

$$f(x) = \sum_{k=0}^{\infty} x^{d^k}$$

は

$$f(x^d) = \sum_{k=0}^{\infty} (x^d)^{d^k} = \sum_{k=0}^{\infty} x^{d^{k+1}} = f(x) - x$$

をみたすから Mahler 型の 1 階線形差分方程式

$$\tau y(x) = y(x) - x$$

の解である. なお, $f(x)$ が定義する $D(0;1)$ 上の正則関数は超越関数である. このことは後の章で証明する. さらに, 代数的数 α $(0 < |\alpha| < 1)$ に対して

$$f(\alpha) = \sum_{k=0}^{\infty} \alpha^{d^k}$$

が超越数であることが知られている. ここで代数的数とは有理数体 $\mathbb{Q}$ 上代数的な数のことであり, そうでない数を超越数という. 関数の値の超越性については日本語で書かれた入門書がいくつかある [5, 18, 36].

第3章

代数的手法の基礎

3.1 差分体

定義 3.1 K を体（または環），τ を K から K の中への同型としたとき，$\mathcal{K} = (K, \tau)$ を**差分体**（**差分環**）という．このとき τ を**変換作用素** (transforming operator)，K を**基底体**（**環**）(underlying field/ring) という．差分体（環）$\mathcal{K}$ が与えられたとき，暗黙のうちにローマン体の K で基底体（環）を表すことが多い．$a \in K$ に対して $\tau^n a \in K$ $(n \in \mathbb{Z})$ を a の**第 n 変換** (n-th transform) といい，a_n と表すことがある．ただし負の n に対しては，第 n 変換は存在しない場合がある．τ が全射であれば，つまり $\tau K = K$ をみたせば，第 n 変換は全て存在する．このとき差分体（環）(K, τ) は**可逆** (inversive) であるという．

補題 3.2 $\mathcal{R} = (R, \tau)$ を差分環とする．R が整域のとき，K を R の商体とすると，R から R の中への同型 τ は K から K の中への同型 τ' に一意的に拡張される．このとき (K, τ') は差分体である．

例 3.3 以下は差分体の例である．q は 0 でない複素数，d は 2 以上の整数とする．

(1) $\mathcal{K}_1 = (\mathbb{C}(x), \tau_1)$, $\tau_1 \colon f(x) \mapsto f(x+1)$.

(2) $\mathcal{K}_2 = (\mathbb{C}((1/x)), \tau_2)$,

$$\tau_2 \colon \sum_{i=0}^{\infty} a_i \left(\frac{1}{x} \right)^i \mapsto \sum_{i=0}^{\infty} a_i \left(\frac{1}{x+1} \right)^i.$$

ここで

$$\frac{1}{x+1} = \frac{(1/x)}{1+(1/x)} = \frac{1}{x} - \left(\frac{1}{x} \right)^2 + \cdots$$

に注意する。τ_2 はベキ級数への代入により定義される同型写像の商体への拡張である。

(3) $\mathcal{K}_3 = (\mathbb{C}(t), \tau_3)$, $\tau_3\colon f(t) \mapsto f(qt)$.

(4) $\mathcal{K}_4 = (\mathbb{C}((t)), \tau_4)$, $\tau_4\colon \sum_i a_i t^i \mapsto \sum_i a_i (qt)^i = \sum_i q^i a_i t^i$.

(5) $\mathcal{K}_5 = (\mathbb{C}(x), \tau_5)$, $\tau_5\colon f(x) \mapsto f(x^d)$.

(6) $\mathcal{K}_6 = (\mathbb{C}((x)), \tau_6)$, $\tau_6\colon \sum_{i=0}^{\infty} a_i x^i \mapsto \sum_{i=0}^{\infty} a_i (x^d)^i$.

定義 3.4 差分体 $\mathcal{K} = (K, \tau)$ が $[K : \tau K] < \infty$ をみたすとき，$\mathcal{K}$ は**準可逆** (quasi-inversive) であるという。

上の (1)〜(4) は可逆であり，(5) と (6) は可逆ではないが準可逆である。別の例を紹介するために，次の定理を証明しよう。

定理 3.5 K を体，$L = K(t)$ を K 上の有理関数体とする。つまり t は K 上超越的であるとする。$\alpha \in L \setminus K$ が

$$\alpha = \frac{A(t)}{B(t)} \quad (A(t), B(t) \in K[t] \text{ は互いに素})$$

と表されるとき，

$$[L : K(\alpha)] = \max\{\deg A(t), \deg B(t)\}$$

が成り立つ。

証明 $M = K(\alpha)$ とおく。$L = M(t)$ であることに注意する。

$$P(X) = \alpha B(X) - A(X) \in M[X]$$

とすると，$P(t) = 0$ が成り立つ。また，

$$A(X) = \sum_{i=0}^{n} a_i X^i, \quad B(X) = \sum_{i=0}^{m} b_i X^i,$$

$$a_i, b_i \in K, \ a_n \neq 0, \ b_m \neq 0$$

と表すと

66   第 3 章　代数的手法の基礎

$$P(X) = \sum_i (\alpha b_i - a_i) X^i$$

を得る. $\alpha \notin K$ であるから

$$\alpha b_i - a_i = 0 \Longleftrightarrow a_i = b_i = 0$$

が成り立ち, よって

$$\deg P(X) = \max\{n, m\} = \max\{\deg A(X), \deg B(X)\}$$

がわかる. 以上の議論から, $P(X)$ が既約であることを示せばよい. t は M 上代数的であるから, $L = K(t) = M(t)$ より

$$1 = \operatorname{tr.deg} K(t)/K = \operatorname{tr.deg} M(t)/M + \operatorname{tr.deg} M/K = \operatorname{tr.deg} M/K$$

を得る. したがって α は K 上超越的である. X は $M = K(\alpha)$ 上超越的であるから, X, α は K 上代数的独立であり, よって P は 2 変数多項式環 $K[X, \alpha]$ の元とみなせる.

$$P = CD, \quad C, D \in K[X, \alpha]$$

とする. ここで $\deg_\alpha P = 1$ より $C \in K[X]$ としてよい.

$$B(X)\alpha - A(X) = C(X)D(X, \alpha)$$

を $K[X]$ 係数の α を変数とする多項式の等式として係数を比較すると, $C(X) \mid B(X)$ および $C(X) \mid A(X)$ を得る. $A(X)$ と $B(X)$ は互いに素であるから, $C(X) \in K$ である. したがって P は $K[X, \alpha] = K[\alpha][X]$ の元として既約である. $M = K(\alpha)$ であるから, ガウスの補題より P は $M[X]$ の元としても既約である.　　　　　　　　　　　　　　　　　　　　　　　　　　　　□

例 3.6　$M(\mathbb{C})$ を $\mathbb{C}$ 上の有理型関数全体とし, $\tau(f(x)) = f(2x)$ により $M(\mathbb{C})$ の自己同型 τ を定める. $L = \mathbb{C}(x, e^x)$ とおくと, $e^{2x} = (e^x)^2$ より $\mathcal{L} = (L, \tau|_L)$ は差分体になる. $\tau L = \mathbb{C}(x, (e^x)^2)$ であるから, 定理 3.5 より $[L : \tau L] = \max\{\deg X^2, \deg 1\} = 2$ が成り立つ. したがって $\mathcal{L}$ は可逆でない準可逆差分体である.

定義 3.7　差分体（環）$\mathcal{K}' = (K',\tau')$, $\mathcal{K} = (K,\tau)$ について，K' が K の拡大体（環）であり $\tau'|_K = \tau$ が成り立つとき，$\mathcal{K}'$ は $\mathcal{K}$ の**差分拡大体（環）**であるといい，$\mathcal{K}$ は $\mathcal{K}'$ の**差分部分体（環）**であるという．簡単のため，$(K,\tau'|_K)$ の代わりに (K,τ') と略記することがある．また，K' と K が体のときは $\mathcal{K}'/\mathcal{K}$ は**差分拡大**であるともいう．差分体 $\mathcal{M}$ が差分体 $\mathcal{K}'$ の差分部分体であり，かつ差分体 $\mathcal{K}$ の差分拡大体であるとき，$\mathcal{M}$ は差分拡大 $\mathcal{K}'/\mathcal{K}$ の**差分中間体**であるという．差分環の拡大に対しても**差分中間環**を同様に定義する．$\mathcal{K}$ を差分体，$\mathcal{L} = (L,\tau)$ をその差分拡大体とする．L の部分集合 B に対して $\mathcal{L}$ の差分部分体 $\mathcal{K}\langle B\rangle_{\mathcal{L}}$ を $(K(B,\tau B,\tau^2 B,\cdots),\tau)$ により定める．これは K と B を含む $\mathcal{L}$ の最小の差分部分体である．どの差分体の中で考えているかが明らかな場合は，$\mathcal{K}\langle B\rangle$ と略記する．

例 3.8　$\mathcal{R} = (R,\tau)$ を差分環，X を不定元とする．$P = \sum_{i=0}^{m} a_i X^i \in R[X]$ に対して $P^\tau = \sum_{i=0}^{m} \tau(a_i) X^i$ と定める．このとき $\tau': P \mapsto P^\tau$ は $R[X]$ から $R[X]$ の中への同型であるから，$(R[X],\tau')$ は $\mathcal{R}$ の差分拡大環である．さらに Y を不定元とし，$\tau'': R[X,Y] \to R[X,Y]$ を

$$\tau''\left(\sum_{i=0}^{m} A_i(X)Y^i\right) = \sum_{i=0}^{m} A_i^\tau(X)Y^i$$

により定めると，$(R[X,Y],\tau'')$ は $(R[X],\tau')$ の差分拡大環であり，$\tau''(\sum a_{ij}X^iY^j) = \sum \tau(a_{ij})X^iY^j$ が成り立つ．$\tau''P$ も P^τ と表すことにする．

定理 3.9　$\mathcal{K}$ を準可逆差分体，$\mathcal{L}$ を $\mathcal{K}$ の差分拡大体であって $[L:K] < \infty$ をみたすものとする．このとき，$\mathcal{L} = (L,\tau)$ は準可逆であり，$[L:\tau L] = [K:\tau K]$ が成り立つ．特に $\mathcal{K}$ が可逆なら $\mathcal{L}$ も可逆である．

証明　次のように拡大次数を計算すればよい．

$$[L:\tau L][\tau L:\tau K] = [L:\tau K] = [L:K][K:\tau K] = [\tau L:\tau K][K:\tau K].$$

$\square$

準可逆差分体の差分部分体については次節で触れる．

68　第 3 章　代数的手法の基礎

定義 3.10　$\mathcal{K} = (K, \tau)$ を差分体とする．$\overline{K}$ を K の代数閉包とすると，τ は $\overline{K}$ から $\overline{K}$ の中への同型 $\overline{\tau}$ に（一意的とは限らず）拡張できる[1]．差分体 $\overline{\mathcal{K}} = (\overline{K}, \overline{\tau})$ を $\mathcal{K}$ の**代数閉包**という．$K/\tau K$ が代数拡大のときは $\overline{\mathcal{K}}$ は可逆である．実際，このとき $\overline{K}/\tau K$ は代数拡大であり，その中間体 $\overline{\tau} \overline{K}$ は代数閉体であるから $\overline{\tau} \overline{K} = \overline{K}$ が成り立つ．

定義 3.11　$\mathcal{K}$ を差分体，$\mathcal{L} = (L, \tau)$ を $\mathcal{K}$ の差分拡大とする．$\tilde{K}$ を K の L における代数閉包とすると，$(\tilde{K}, \tau)$ は $\mathcal{L}/\mathcal{K}$ の差分中間体である．これを $\mathcal{K}$ の $\mathcal{L}$ における**代数閉包**という．

定理 3.12　差分体 $\mathcal{K} = (K, \tau)$ に対して次をみたす差分拡大体 $\mathcal{K}^* = (K^*, \tau^*)$ が存在する．

(1) $\mathcal{K}^*$ は可逆である．

(2) 任意の $a \in K^*$ に対して，ある $n \geq 0$ が存在して $\tau^{*n} a \in K$ が成り立つ．$\mathcal{K}^*$ を $\mathcal{K}$ の**可逆閉包** (inversive closure) という．

証明　τ は K から τK の上への同型であり，K は τK の拡大体であるから，K のある拡大体 K_1 が存在して τ は K_1 から K の上への同型 τ_1 に拡張される[2]．$\mathcal{K}_1 = (K_1, \tau_1)$ は $\mathcal{K}$ の差分拡大体であり，$\tau_1 K_1 = K$ をみたす．同様に $\mathcal{K}_1$ から $\mathcal{K}_2$，$\mathcal{K}_2$ から $\mathcal{K}_3$，というように差分体を拡大していくと，差分体の昇鎖列

$$\mathcal{K} \subset \mathcal{K}_1 \subset \mathcal{K}_2 \subset \mathcal{K}_3 \subset \cdots$$

であって，$\tau_i K_i = K_{i-1}$ $(K_0 = K)$ をみたすものを得る．$K^* = \bigcup_{i=0}^{\infty} K_i$ は体になる．$a \in K^*$ に対して，ある i があって $a \in K_i$ である．$\tau^* a = \tau_i a$ と定めると写像 $\tau^* : K^* \to K^*$ は well-defined であり同型である．したがって $\mathcal{K}^* = (K^*, \tau^*)$ は $\mathcal{K}$ の差分拡大体になる．また，$b \in K_i \subset K^*$ に対して，ある $a \in K_{i+1} \subset K^*$ が存在して $\tau^* a = \tau_{i+1} a = b$ が成り立つから，τ^* は全射である．つまり $\mathcal{K}^*$ は可逆である．さらに

---

[1]　代数の教科書を参照せよ．例えば Zariski-Samuel [43] の Ch. II, §14, 定理 33 より．

[2]　代数の教科書を参照せよ．例えば Zariski-Samuel [43] の Ch. I, §13, 補題より．

$$\tau^{*i}K_i = \tau^{*i-1}K_{i-1} = \cdots = K$$

が成り立つから, (2) がわかる. □

この定理の別証明を付録に載せている.

定理 3.13 $\mathcal{K}$ を差分体, $\mathcal{L} = (L, \tau)$ を $\mathcal{K}$ の可逆な差分拡大体とする. このとき $\mathcal{K}$ の可逆閉包が $\mathcal{L}$ の中に一意的に存在し, その基底体は

$$M = \{a \in L \mid \text{ある } n \geq 0 \text{ が存在して } \tau^n a \in K\}$$

である. これを $\mathcal{K}$ の $\mathcal{L}$ における**可逆閉包**という.

証明(存在)$K \subset M$ である. $a \in M$ とすると, $\tau^n a \in K$ より $\tau^n(\tau a) = \tau(\tau^n a) \in K$ であるから, $\tau a \in M$ を得る. したがって (M, τ) は差分体である. また, $\mathcal{L}$ は可逆であるから $a \in M$ に対し $\tau b = a$ なる $b \in L$ が存在する. $\tau^{n+1}b = \tau^n a$ より $b \in M$ がわかり, よって (M, τ) は可逆である. したがって定義より (M, τ) は $\mathcal{K}$ の可逆閉包である.

(一意性)$\mathcal{K}^* \subset \mathcal{L}$ を $\mathcal{K}$ の可逆閉包とする. M の定義より $K^* \subset M$ が成り立つ. 一方, $a \in M$ とすると $\tau^n a \in K \subset K^*$ となる. $\mathcal{K}^*$ は可逆であるから $\tau^n K^* = K^*$ が成り立ち, よって $a \in K^*$ を得る. したがって $K^* = M$ である.

□

3.2 線形無関連と代数的無関連

この節では, すべての体はある代数閉体 Ω に含まれるものとする. 体 K, L に対して KL は K, L を含む最小の体を表す. これを**合成体**という. 集合としては

$$KL = \left\{ \frac{\sum a_i b_i}{\sum c_i d_i} \,\middle|\, a_i, c_i \in K, \, b_i, d_i \in L \right\}$$

である.

定義 3.14 K, L を体 C の拡大体とする. 任意の C 上 1 次独立な有限個の K の元が L 上でも 1 次独立であるとき, K は L と C 上**線形無関連** (linearly disjoint) であるという.

補題 3.15 K が L と C 上線形無関連なら，L は K と C 上線形無関連である．このことから，以後は「K と L は C 上線形無関連である」と表現する．

証明 $y_1, \cdots, y_n \in L$ が C 上 1 次独立であるとし，
$$x_1 y_1 + \cdots + x_n y_n = 0, \quad x_i \in K$$
とする．少なくとも一つの x_i が 0 でないと仮定する．必要なら y_i の順序を変えて，$x_1, \cdots, x_r$ $(r \leq n)$ が C 上 1 次独立で
$$x_i = \sum_{j=1}^{r} a_{ij} x_j, \quad a_{ij} \in C \quad (i = 1, \cdots, n)$$
と表せるとしてよい．このとき
$$0 = \sum_{i=1}^{n} \left(\sum_{j=1}^{r} a_{ij} x_j \right) y_i = \sum_{j=1}^{r} x_j \left(\sum_{i=1}^{n} a_{ij} y_i \right)$$
である．$x_1, \cdots, x_r$ は L 上 1 次独立であるから $\sum_{i=1}^{n} a_{ij} y_i = 0$ がわかる．したがって任意の i, j に対して $a_{ij} = 0$ となり矛盾． □

定理 3.16 K と L が C 上線形無関連なら $K \cap L = C$ である．

証明 $x \in K \cap L \setminus C$ が存在すると仮定する．$1, x \in K$ は C 上 1 次独立であるから，L 上でも 1 次独立である．しかし $(-x)1 + 1x = 0$ より $1, x$ は L 上 1 次従属であり矛盾． □

定理 3.17 K, L, E は体 C の拡大体であり，$L \supset E$ が成り立つものとする．次は同値である．
(1) K と L が C 上線形無関連である．
(2) K と E が C 上線形無関連かつ KE と L が E 上線形無関連である．

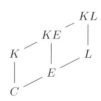

証明 (1) ⇒ (2) $L \supset E$ より, K と E は C 上線形無関連である. KE と L が E 上線形無関連であることを示そう. $y_1, \cdots, y_n \in L$ が E 上 1 次独立かつ KE 上 1 次従属であると仮定する. このとき少なくとも一つは 0 でない

$$z_1, \cdots, z_n \in \{\sum \alpha_j \beta_j \mid \alpha_j \in K, \beta_j \in E\}$$

が存在して

$$z_1 y_1 + \cdots + z_n y_n = 0$$

となることが, KE の元の分母を払うことでわかる.

$$z_i = \sum_{j=1}^{r} x_j a_{ji}, \quad x_j \in K, \, a_{ji} \in E$$

と表す. ここで $x_1, \cdots, x_r$ は C 上 1 次独立としてよい.

$$0 = \sum_{i=1}^{n} \left(\sum_{j=1}^{r} x_j a_{ji} \right) y_i = \sum_{j=1}^{r} x_j \left(\sum_{i=1}^{n} a_{ji} y_i \right)$$

となり, $x_1, \cdots, x_r$ は L 上 1 次独立であるから

$$\sum_{i=1}^{n} a_{ji} y_i = 0 \quad (j = 1, \cdots, r)$$

を得る. さらに $y_1, \cdots, y_n$ は E 上 1 次独立であるから, 任意の i, j に対して $a_{ji} = 0$ となり矛盾.

(2) ⇒ (1) $x_1, \cdots, x_n \in K$ が C 上 1 次独立であるとする. さらに

$$x_1 y_1 + \cdots + x_n y_n = 0, \quad y_i \in L$$

とし, 少なくとも一つの y_i が 0 でないと仮定する. 必要なら x_i の順序を変えて, $y_1, \cdots, y_r$ が E 上 1 次独立であって

$$y_i = \sum_{j=1}^{r} a_{ij} y_j, \quad a_{ij} \in E \quad (i = 1, \cdots, n)$$

と表せるとしてよい.

$$0 = \sum_{i=1}^{n} x_i \left(\sum_{j=1}^{r} a_{ij} y_j \right) = \sum_{j=1}^{r} \left(\sum_{i=1}^{n} x_i a_{ij} \right) y_j$$

であり, $y_1, \cdots, y_r$ は KE 上 1 次独立であるから,

$$\sum_{i=1}^{n} x_i a_{ij} = 0 \quad (j = 1, \cdots, r)$$

が成り立つ. しかし $x_1, \cdots, x_n$ は E 上 1 次独立であるから, 任意の i, j に対して $a_{ij} = 0$ となり矛盾. $\square$

定義 3.18 K, L を体 C の拡大体とする. 任意の C 上代数的独立な有限個の K の元が L 上でも代数的独立になるとき, K は L と C **上代数的無関連** (free) であるという.

補題 3.19 K が L と C 上代数的無関連であることと, $x_1, \cdots, x_m \in K$, $y_1, \cdots, y_n \in L$ がそれぞれ C 上代数的独立なら $x_1, \cdots, x_m, y_1, \cdots, y_n$ も C 上代数的独立になることは同値である. このことから, 線形無関連の場合と同様に「K と L は C 上代数的無関連である」と表現する.

証明 前半の主張から後半の主張が得られることは明らかである. 逆を背理法で示そう. $x_1, \cdots, x_m \in K$ が C 上代数的独立であり, かつ L 上代数的従属であるとする. このとき 0 でない多項式 $P \in L[X_1, \cdots, X_m]$ が存在して $P(x_1, \cdots, x_m) = 0$ が成り立つ. C に P の係数をすべて添加した体を M とおく. $M \subset L$ は C 上有限生成であり, $x_1, \cdots, x_m$ は M 上代数的従属である. M/C の超越基底 $y_1, \cdots, y_n$ をとると, 仮定より $x_1, \cdots, x_m, y_1, \cdots, y_n$ は C 上代数的独立である. したがって

$$m + n \leq \operatorname{tr.deg} M(x_1, \cdots, x_m)/C$$

$$= \operatorname{tr.deg} M(x_1, \cdots, x_m)/M + \operatorname{tr.deg} M/C < m + n$$

となり矛盾. $\square$

定理 3.20 K と L が C 上線形無関連なら代数的無関連である.

証明 $x_1, \cdots, x_n \in K$ が C 上代数的独立なら $x_1, \cdots, x_n$ の異なる単項式は C 上 1 次独立である. したがって L 上でも 1 次独立であるから $x_1, \cdots, x_n$ は L 上代数的独立である. $\square$

補題 3.21 体の拡大 L/K において，K は L の中で代数的に閉じているとする．$X_1, \cdots, X_n$ を変数（不定元）とすると，次が成り立つ．

(1) $K(X_1, \cdots, X_n)$ は $L(X_1, \cdots, X_n)$ の中で代数的に閉じている．

(2) $f \in K[X_1, \cdots, X_n]$ が既約なら $L[X_1, \cdots, X_n]$ の元としても既約である．

証明 (1) $n = 1$ のときに証明すれば，一般の場合は帰納的にわかる．

$$f(X) = ag(X)/h(X) \neq 0, \quad a \in L, \ g(X), h(X) \in L[X]$$

が $K(X)$ 上代数的であるとする．ここで g, h は互いに素でありモニックとしてよい．

$$b_n f^n + b_{n-1} f^{n-1} + \cdots + b_0 = 0, \quad b_i \in K[X], \ b_n \neq 0, \ b_0 \neq 0$$

となるから

$$b_n a^n g^n + b_{n-1} a^{n-1} g^{n-1} h + \cdots + b_0 h^n = 0 \tag{3.1}$$

が成り立つ．これより h の根は b_n の根であるから K 上代数的である．したがって h の係数はすべて K 上代数的である．仮定より $h(X) \in K[X]$ がわかる．同様に $g(X) \in K[X]$ を得る．等式 (3.1) において次数 $\deg b_n + n \deg g$ の項の係数を比較すると，a は K 上代数的であることがわかる．したがって $a \in K$ となり $f(X) \in K(X)$ が示された．

(2) n に関する帰納法で示す．$n = 1$ のとき

$$f(X) = ag(X)h(X), \quad a \in K, \ g(X), h(X) \in L[X]$$

と表せたとする．ここで g, h はモニックとする．g, h の根は f の根であるから K 上代数的であり，したがって $g, h \in K[X]$ となる．f は $K[X]$ で既約であるから，$g \in K$ または $h \in K$ が成り立つ．以上により f が $L[X]$ で既約であることがわかる．次に $n \geq 2$ とし，$n - 1$ のとき成り立つとする．ガウスの補題より f は $K(X_1, \cdots, X_{n-1})[X_n]$ の元として既約であるから，(1) と $n = 1$ の場合より，f は $L(X_1, \cdots, X_{n-1})[X_n]$ の元としても既約である．

$$f(X_1, \cdots, X_n) = g_m(X_1, \cdots, X_{n-1})X_n^m + \cdots + g_0(X_1, \cdots, X_{n-1})$$

と表すとき，$g_0, \cdots, g_m \in K[X_1, \cdots, X_{n-1}]$ は共通因子をもたない．帰納法の

74　第 3 章　代数的手法の基礎

仮定より $g_0, \cdots, g_m$ は $L[X_1, \cdots, X_{n-1}]$ の元としても共通因子をもたない. こ
れは既約分解が同一であることからわかる. したがって f は $L[X_1, \cdots, X_n]$ の
元としても既約である. □

定理 3.22　C を体, K, L をその拡大体とする. C が K の中で代数的に閉じ
ていて, K と L が C 上代数的無関連なら, K と L は C 上線形無関連である.

証明　L/C が有限生成拡大の場合に証明すればよい. なぜなら $y_1, \cdots, y_n \in$
L が C 上 1 次独立としたとき, L を $C(y_1, \cdots, y_n)$ に取り替えればよいからで
ある.

(i) まず L/C が代数拡大の場合を考える. このとき L/C は有限次拡大であ
り, $L = C(\theta)$ と表せる. $KL = K(\theta)$ となることに注意しよう. θ の C 上の最
小多項式 $f(X)$ は補題 3.21 より K 上の最小多項式でもあるから, $[K(\theta) : K] =$
$[C(\theta) : C]$ が成り立つ. この拡大次数を n とおくと, $1, \theta, \cdots, \theta^{n-1}$ は $C(\theta)/C$
と $K(\theta)/K$ の線形空間としての基底である. $y_1, \cdots, y_m \in L$ が C 上 1 次独立
なら

$$y_j = \sum_{i=1}^{n} a_{ij} \theta^{i-1}, \quad a_{ij} \in C$$

と表すと, 行列 $A = (a_{ij})$ の階数は m となる. y_j のこの表示は K 上の 1 次
結合でもあるから, 階数より $y_1, \cdots, y_m$ が K 上でも 1 次独立であることがわ
かる.

(ii) 一般の場合, $x_1, \cdots, x_n$ を L/C の超越基底とする. $x_1, \cdots, x_n$ は K 上代
数的独立である. 補題 3.21 (1) より $E = C(x_1, \cdots, x_n)$ は $KE = K(x_1, \cdots, x_n)$
の中で代数的に閉じている. (i) より KE と L は E 上線形無関連である. ま
た, K と E は C 上線形無関連である. 実際, $y_1, \cdots, y_m \in K$ が C 上 1 次独
立なら, $x_1, \cdots, x_n$ が K 上代数的独立であることより $E = C(x_1, \cdots, x_n)$ 上
でも 1 次独立である[3]. したがって定理 3.17 より K と L は C 上線形無関連
である. □

---

[3]　$f_1 y_1 + \cdots + f_m y_m = 0$, $f_i \in C[x_1, \cdots, x_n]$ の各 $x_1^{i_1}, \cdots, x_n^{i_n}$ の係数を比較すれ
ば $f_1 = \cdots = f_m = 0$ を得る.

以上の結果を用いて，準可逆差分体の差分部分体について考えよう．まず補題を示す．

補題 3.23 L が K の有限生成拡大体なら L/K の中間体 M も K の有限生成拡大体である．

証明 tr. deg $L/K \geq 1$ としてよい．tr. deg M/K に関する帰納法で示す．tr. deg $M/K = 0$ のとき $x_1, \cdots, x_n$ を L/K の超越基底とすると

$$\mathrm{tr.\,deg}\, M(x_1, \cdots, x_n)/M + \mathrm{tr.\,deg}\, M/K$$

$$= \mathrm{tr.\,deg}\, M(x_1, \cdots, x_n)/K(x_1, \cdots, x_n) + \mathrm{tr.\,deg}\, K(x_1, \cdots, x_n)/K$$

より $x_1, \cdots, x_n$ は M 上代数的独立になる．したがって $a_1, \cdots, a_m \in M$ が K 上 1 次独立なら，$K(x_1, \cdots, x_n)$ 上 1 次独立であるから，$m \leq [L : K(x_1, \cdots, x_n)]$ が成り立つ．これより $[M : K] \leq [L : K(x_1, \cdots, x_n)]$ を得る．つまり M は K の有限生成拡大体である．tr. deg $M/K \geq 1$ のとき，K 上超越的な $x \in M$ をとる．L は $K(x)$ の有限生成拡大体であり tr. deg $M/K(x) < \mathrm{tr.\,deg}\, M/K$ であるから，帰納法の仮定より M は $K(x)$ の有限生成拡大体である．したがって M は K の有限生成拡大体である． $\square$

定理 3.24 $\mathcal{L} = (L, \tau)$ を準可逆差分体，$\mathcal{K}$ を $\mathcal{L}$ の差分部分体であって L/K が体として有限生成であるものとする．このとき $\mathcal{K}$ は準可逆差分体であり $[K : \tau K]$ は $[L : \tau L]$ の約数である．

証明 $\tilde{K}$ を K の L における代数閉包とする．

$$\mathrm{tr.\,deg}\, L/\tilde{K} + \mathrm{tr.\,deg}\, \tilde{K}/\tau\tilde{K} = \mathrm{tr.\,deg}\, L/\tau L + \mathrm{tr.\,deg}\, \tau L/\tau\tilde{K}$$

$$= 0 + \mathrm{tr.\,deg}\, L/\tilde{K}$$

より $\tilde{K}/\tau\tilde{K}$ は代数拡大である．このことと $\tau\tilde{K}/\tau K$ が代数拡大であることから，$K/\tau K$ も代数拡大であることがわかる．さらに τL と $\tilde{K}$ は $\tau\tilde{K}$ 上代数的無関連であることもわかる．$\tau\tilde{K}$ は τL の中で代数的に閉じていることに注意すると，τL と $\tilde{K}$ が $\tau\tilde{K}$ 上線形無関連であることがわかる．L/K が有限生成

であるから，$\tau L/\tau K$ も有限生成である．また，$L/\tau L$ は有限次拡大であるから有限生成である．したがって $L/\tau K$ は有限生成であり，よって中間体の拡大 $\tilde{K}/\tau K$ も有限生成である．$\tilde{K}/\tau\tilde{K}$ は代数拡大であったから有限次拡大である．$m = [\tilde{K} : \tau\tilde{K}]$ とおく．上述の線形無関連であることを用いると $[(\tau L)\tilde{K} : \tau L] = m$ を得る．実際，$\tilde{K} = (\tau\tilde{K})(\theta)$ と表すと $(\tau L)\tilde{K} = (\tau L)(\theta)$ となる．このとき $\tilde{K}$ の $\tau\tilde{K}$ 上の基底 $1, \theta, \cdots, \theta^{m-1}$ は $(\tau L)\tilde{K}$ の τL 上の基底でもある．また，

$$[\tilde{K} : K] \cdot [K : \tau K] = [\tilde{K} : \tau\tilde{K}] \cdot [\tau\tilde{K} : \tau K] = m[\tilde{K} : K]$$

より $[K : \tau K] = m$ がわかる．したがって $\mathcal{K}$ は準可逆差分体であり，

$$[L : \tau L] = [L : (\tau L)\tilde{K}] \cdot [(\tau L)\tilde{K} : \tau L] = [L : (\tau L)\tilde{K}] \cdot [K : \tau K]$$

が成り立つ． $\square$

最後に，よく用いる補題を示しておく．

補題 3.25 C を体とし，K, L をその拡大体とする．K/C が有限超越次数であるとき，K と L が C 上代数的無関連であることと $\mathrm{tr.deg}\, K/C = \mathrm{tr.deg}\, KL/L$ は同値である．

証明 $\mathrm{tr.deg}\, K/C \geq 1$ としてよい．（$\Rightarrow$）K/C の超越基底 $x_1, \cdots, x_n$ は C 上代数的独立であるから，L 上でも代数的独立である．さらに $K/C(x_1, \cdots, x_n)$ が代数拡大であることから $KL/L(x_1, \cdots, x_n)$ も代数拡大であることがわかる．したがって $x_1, \cdots, x_n$ は KL/L の超越基底である．（$\Leftarrow$）$x_1, \cdots, x_m \in K$ が C 上代数的独立なら，拡張して K/C の超越基底 $x_1, \cdots, x_n$ がとれる．このとき $KL/L(x_1, \cdots, x_n)$ は代数拡大である．$\mathrm{tr.deg}\, KL/L = \mathrm{tr.deg}\, K/C = n$ が成り立つから，$x_1, \cdots, x_n$ は KL/L の超越基底であり，特に $x_1, \cdots, x_m$ は L 上代数的独立である． $\square$

3.3 1変数代数関数体

この節では1変数代数関数体の理論を証明抜きで紹介する．記号や内容は Stichtenoth の著書 [37] を参考にした．

定義 3.26 F/K を体の拡大とする. K 上超越的な $x \in F$ が存在して $F/K(x)$ が有限生成代数拡大（有限次拡大）であるとき, F/K は **1 変数代数関数体**であるという. このとき, K の F における代数閉包 $\tilde{K}$ を F/K の**定数体**という. さらに, 次をみたす F の部分環 $\mathcal{O}$ を F/K の**付値環**という.

(1) $K \subsetneq \mathcal{O} \subsetneq F$,

(2) 任意の $z \in F$ に対して $z \in \mathcal{O}$ または $z^{-1} \in \mathcal{O}$ が成り立つ.

$\mathcal{O}$ はただ一つの極大イデアル $P = \mathcal{O} \setminus \mathcal{O}^\times$ をもつ[4]. $\tilde{K} \subset \mathcal{O}$ と $\tilde{K} \cap P = \{0\}$ が成り立つ[5]. P を F/K の**プレイス**といい, F/K のプレイス全体を $\mathbb{P}_F$ と表す. 任意の $z \in F^\times$ に対して $z \in P \Leftrightarrow z^{-1} \notin \mathcal{O}$ が成り立つから, $\mathcal{O} = \{z \in F^\times \mid z^{-1} \notin P\} \cup \{0\}$ である. $\mathcal{O}$ を**プレイス P の付値環**といい, $\mathcal{O}_P$ とも表す. プレイス P は $P = t\mathcal{O}_P$ と表せ[6], このような t を P の**素元**という.

注意 3.27 上記の議論から, F/K の付値環であることと $F/\tilde{K}$ の付値環であることは同値である.

定義 3.28 1 変数代数関数体 F/K に対して, 次をみたす写像 $v \colon F \to \mathbb{Z} \cup \{\infty\}$ を**離散付値**という.

(1) $v(x) = \infty \Longleftrightarrow x = 0$.

(2) 任意の $x, y \in F$ に対して $v(xy) = v(x) + v(y)$ が成り立つ.

(3) 任意の $x, y \in F$ に対して $v(x + y) \geq \min\{v(x), v(y)\}$ が成り立つ.

(4) $v(z) \neq 0$ である $z \in F^\times$ が存在する.

(5) 任意の $a \in K^\times$ に対して $v(a) = 0$ が成り立つ.

(4) の代わりに

(4'). $v(z) = 1$ である $z \in F^\times$ が存在する.

が成り立つとき, v を**正規離散付値**という[7]. v を離散付値とする. (2) より

---

[4] Stichtenoth [37], 命題 1.1.5

[5] Stichtenoth [37], 命題 1.1.5

[6] Stichtenoth [37], 定理 1.1.6

[7] Stichtenoth [37] では正規離散付値を離散付値と呼んでいる.

78　第 3 章　代数的手法の基礎

$x \in F^\times$ に対して $v(x^{-1}) = -v(x)$ が成り立つことに注意しよう．$v(x) > 0$ の最小値を m とおくと，$v(x)$ $(x \in F^\times)$ はすべて m の倍数になるから[8]，$v'(x) = v(x)/m$ により正規離散付値 v' を得る．これを**正規化**という．

補題 3.29 (Stichtenoth [37], 補題 1.1.11) v を F/K の離散付値とする．$x, y \in F$ に対して

$$v(x) \neq v(y) \Longrightarrow v(x + y) = \min\{v(x), v(y)\}$$

が成り立つ．

定義 3.30 (Stichtenoth [37], 定義 1.1.12, 定理 1.1.13) $P \in \mathbb{P}_F$ とし，t を P の素元とする．任意の $z \in F^\times$ に対して一意的な表示 $z = t^n u$ $(n \in \mathbb{Z}$, $u \in \mathcal{O}_P^\times)$ が存在する．n は t のとり方によらない．$v_P(z) = n$ と定め，さらに $v_P(0) = \infty$ と定めると v_P は正規離散付値になる．これを**プレイス P に関する離散付値**という．

定理 3.31 (Stichtenoth [37], 定理 1.1.13) F/K を 1 変数代数関数体とする．

(1) $P \in \mathbb{P}_F$ に対して次が成り立つ．

$$\mathcal{O}_P = \{z \in F \mid v_P(z) \geq 0\},$$
$$\mathcal{O}_P^\times = \{z \in F \mid v_P(z) = 0\},$$
$$P = \{z \in F \mid v_P(z) > 0\}.$$

(2) $x \in F$ が P の素元であることと $v_P(x) = 1$ は同値である．

(3) v を離散付値とすると，$P = \{z \in F \mid v(z) > 0\} \in \mathbb{P}_F$ であり，$\mathcal{O}_P = \{z \in F \mid v(z) \geq 0\}$ が成り立つ．このとき v_P は v の正規化である．

---

[8]　$v(z) = m$ とし，$v(x) = pm + q$ $(p, q \in \mathbb{Z}, 0 \leq q < m)$ と表すと，$v(xz^{-p}) = v(x) - pv(z) = q$ となる．m の最小性より $q = 0$ を得る．

例 3.32 (Stichtenoth [37], §1.2) C を代数閉体，$F = C(x)$ を有理関数体
とする．F/C は 1 変数代数関数体である．$\alpha \in C$ について，

$$\mathcal{O}_\alpha = \left\{ \frac{f(x)}{g(x)} \ \middle| \ f(x), g(x) \in C[x], \ (x - \alpha) \nmid g(x) \right\}$$

は F/C の付値環であり，その極大イデアルは

$$P_\alpha = \left\{ \frac{f(x)}{g(x)} \ \middle| \ f(x), g(x) \in C[x], \ (x - \alpha) \mid f(x), \ (x - \alpha) \nmid g(x) \right\}$$

である．P_α に関する離散付値を v_α と略記する．$z \in F^\times$ は $z = (x - \alpha)^n \cdot$
$f(x)/g(x)$，$(x - \alpha) \nmid f(x), g(x)$ と表せるが，このとき $v_\alpha(z) = n$ が成り立つ．
実際，$x - \alpha$ は P_α の素元である．また，

$$\mathcal{O}_\infty = \left\{ \frac{f(x)}{g(x)} \ \middle| \ f(x), g(x) \in C[x], \ \deg f(x) \le \deg g(x) \right\}$$

も F/C の付値環であり，その極大イデアルは

$$P_\infty = \left\{ \frac{f(x)}{g(x)} \ \middle| \ f(x), g(x) \in C[x], \ \deg f(x) < \deg g(x) \right\}$$

である．P_∞ に関する離散付値を v_∞ と略記する．$1/x$ が P_∞ の素元となり，

$$v_\infty(f(x)/g(x)) = \deg g(x) - \deg f(x), \quad f(x), g(x) \in C[x]$$

が成り立つ．

定理 3.33 (Stichtenoth [37], 定理 1.2.2) C を代数閉体とする．有理関数
体 $C(x)/C$ のプレイスは上記の P_α と P_∞ のみである．

定義 3.34 F'/K'，F/K を 1 変数代数関数体であって $\tilde{K}' = K'$，$\tilde{K} = K$
が成り立つものとする．F'/F が代数拡大で，かつ $K' \supset K$ が成り立つとき，
F'/K' は F/K の**代数拡大**であるという．このとき，$P' \in \mathbb{P}_{F'}$ が $P \in \mathbb{P}_F$ の**拡
張**であるとは，$P \subset P'$ が成り立つことである．これを $P'|P$ と表す．

定理 3.35 (Stichtenoth [37], 命題 3.1.4) F'/K' を F/K の代数拡大とし，
$P' \in \mathbb{P}_{F'}$，$P \in \mathbb{P}_F$ とする．次は同値である．

80 第 3 章 代数的手法の基礎

(1) $P'|P$.

(2) $\mathcal{O}_P \subset \mathcal{O}_{P'}$.

(3) ある $e \in \mathbb{Z}_{\geq 1}$ が存在して，任意の $x \in F$ に対して $v_{P'}(x) = e \cdot v_P(x)$ が成り立つ.

さらに，$P'|P$ のとき $P = P' \cap F$ と $\mathcal{O}_P = \mathcal{O}_{P'} \cap F$ が成り立つ. このことから P を P' の F への**制限**ともいう. (3) の e を**分岐指数**といい，$e(P'|P)$ と表す. $e(P'|P) > 1$ のとき $P'|P$ は**分岐している**といい，$e(P'|P) = 1$ のとき**分岐していない**という. $P \in \mathbb{P}_F$ に対して $P'|P$ が分岐しているような $P' \in \mathbb{P}_{F'}$ が存在するとき，P は F' において**分岐する**といい，そうでないとき**分岐しない**という.

定理 3.36 (Stichtenoth [37], 命題 3.1.7) F'/K' を F/K の代数拡大とする. 次が成り立つ.

(1) $P' \in \mathbb{P}_{F'}$ に対して $P'|P$ である $P \in \mathbb{P}_F$ がただ一つ存在する. $P = P' \cap F$ である.

(2) $P \in \mathbb{P}_F$ に対して P の拡張 $P' \in \mathbb{P}_{F'}$ が少なくとも一つ存在するが，その個数は有限である.

定理 3.37 (Stichtenoth [37], 定理 3.1.11) C を代数閉体，F/C を 1 変数代数関数体，F'/F を有限次拡大とする. $P \in \mathbb{P}_F$ とし，$P_1, \cdots, P_m$ を P の F' への拡張全部とすると，

$$\sum_{i=1}^{m} e(P_i|P) = [F' : F]$$

が成り立つ.

定理 3.38 (Riemann-Hurwitz の種数公式) [9] C を代数閉体とする. 1 変数代数関数体 F/C に対して**種数**と呼ばれる整数 $g \geq 0$ が定まる[10]. $F = C(x)$ と表せることと，種数が 0 であることは同値であることが知られている[11].

---

[9] Stichtenoth [37], 定理 3.4.13

[10] Stichtenoth [37], 定義 1.4.15

[11] Stichtenoth [37], 命題 1.6.3

F'/F を有限次拡大とし,g' を F'/C の種数とする.このとき

$$2g' - 2 = [F' : F](2g - 2) + \sum_{P \in \mathbb{P}_F} \sum_{P'|P} (e(P'|P) - 1)$$

が成り立つ.ここで P' は $\mathbb{P}_{F'}$ を動く.

定理 3.39 (Stichtenoth [37], 系 3.5.5) F'/K' を F/K の代数拡大であっ
て F'/F が有限次拡大であるものとする.このとき F' において分岐する F の
プレイスは高々有限個である.

定理 3.40 [12] C を代数閉体とし,F/C を 1 変数代数関数体とする.t を $P \in$
$\mathbb{P}_F$ の素元とするとき,F から $C((t))$ の中への $C(t)$ 同型 ϕ であって $v_P(z) =$
$\mathrm{ord}\, \phi(z)$ が成り立つものが存在する.

---

[12] この定理は Stichtenoth[37], 定理 4.2.6 からわかる.

第4章

関数の超越性と代数的独立性

指数関数 e^x は微分方程式 $y' = y$ をみたす関数である．第1章では，このことを用いて指数関数の超越性を証明した．この章で扱うのは差分方程式をみたす関数について，その超越性を方程式の形から証明する手法である．

4.1 差分方程式をみたす関数

通常の変換作用素 $\tau f(x) = f(x+1)$ に関する差分体として，有理関数体の代数関数による拡大は次のように制限される．

定理 4.1 C を代数閉体，$C(x)$ を有理関数体とする．$\mathcal{K} = (C(x), \tau_0 \colon f(x) \mapsto f(x+1))$ を差分体とし，$\mathcal{L} = (L, \tau)$ を $\mathcal{K}$ の差分拡大体であって $L/C(x)$ が有限次拡大であるものとする．このとき $L = C(x)$ が成り立つ．

証明 $n = [L : C(x)]$ とおく．$\mathcal{K}$ は可逆差分体であるから，定理 3.9 より $\mathcal{L}$ も可逆である．1 変数代数関数体 L/C は $C(x)/C$ の代数拡大であることに注意して，$Q|P$ が分岐しているような $Q \in \mathbb{P}_L, P \in \mathbb{P}_{C(x)}$ が存在すると仮定する．$\tau \colon L \to L$ と $\tau|_{C(x)} = \tau_0 \colon C(x) \to C(x)$ はともに全射な C 同型であるから，任意の $i \geq 0$ に対して $\tau^i Q \in \mathbb{P}_L$ と $\tau^i P \in \mathbb{P}_{C(x)}$ が成り立つ．さらに $e(\tau^i Q | \tau^i P) = e(Q|P) > 1$ も成り立つ．実際，s, t をそれぞれ Q, P の素元とすると，$\tau^i s, \tau^i t$ はそれぞれ $\tau^i Q, \tau^i P$ の素元である．ここで

$$v_Q(t) = e(Q|P)v_P(t) = e(Q|P) = e$$

とおけば，$t = s^e u, u \in \mathcal{O}_Q^\times$ と表せる．したがって

$$\tau^i t = (\tau^i s)^e (\tau^i u), \quad \tau^i u \in (\tau^i \mathcal{O}_Q)^\times = \mathcal{O}_{\tau^i Q}^\times$$

となり，主張である

$$e = v_{\tau^i Q}(\tau^i t) = e(\tau^i Q | \tau^i P) v_{\tau^i P}(\tau^i t) = e(\tau^i Q | \tau^i P)$$

を得る．定理の証明に戻ろう．P は有理関数体 $C(x)/C$ のプレイスであるから，$P = P_\alpha$, $\alpha \in C \cup \{\infty\}$ と表せる．$\alpha \notin C$ であることを背理法で示す．$\alpha \in C$ であると仮定すると $x - \alpha$ は P_α の素元であり，よって任意の $i \geq 0$ に対して $\tau^i x - \alpha = x + i - \alpha$ は $\tau^i P_\alpha$ の素元である．したがって $\tau^i P_\alpha = P_{\alpha - i}$ ($i \geq 0$) が成り立つ．$e(\tau^i Q | P_{\alpha - i}) > 1$ であるから各 $P_{\alpha - i}$ は L において分岐する．つまり L において分岐する $C(x)$ のプレイスが無限に存在することになり矛盾．したがって $\alpha \notin C$ を得る．以上により，$P \in \mathbb{P}_{C(x)}$ が L において分岐するなら $P = P_\infty$ であることがわかった．L/C の種数を g とおくと，種数公式（定理 3.38）と定理 3.37 より

$$2g - 2 = -2n + \sum_{P \in \mathbb{P}_{C(x)}} \sum_{Q | P} (e(Q|P) - 1)$$

$$= -2n + \sum_{Q | P_\infty} (e(Q|P_\infty) - 1)$$

$$\leq -2n + (n - 1) = -n - 1$$

を得る．g は 0 以上の整数であるから，$g = 0$ でなければならない．したがって $-2 \leq -n - 1$ となり，$n = 1$ がわかる．これは $L = C(x)$ を意味する．　□

例 4.2　ガンマ関数 $\Gamma(x)$ が超越関数であることを示そう．ここでは関係式 $\Gamma(x + 1) = x\Gamma(x)$ を用いる．ガンマ関数が代数関数であると仮定すると，$\mathbb{C}(x)$ と $L = \mathbb{C}(x, \Gamma(x))$ は $\tau : f(x) \mapsto f(x + 1)$ により差分体であり，$L/\mathbb{C}(x)$ は有限次拡大である．定理 4.1 から $L = \mathbb{C}(x)$ がわかる．

$$\Gamma(x) = \frac{P(x)}{Q(x)}, \quad P(x), Q(x) \in \mathbb{C}[x] \setminus \{0\}$$

と表そう．ここで P, Q は互いに素とする．上記のガンマ関数の関係式に代入すると

$$P(x + 1)Q(x) = xP(x)Q(x + 1)$$

を得る．次数を比較すると

$$\deg P + \deg Q = 1 + \deg P + \deg Q$$

となるが，これはありえない．したがってガンマ関数は超越関数である．

注意 4.3 有限次拡大という仮定がなければ，真に拡大する例もある．$\mathbb{C}(\sqrt{x}, \sqrt{x+1}, \cdots)$ は $\mathbb{C}(x)$ の代数拡大であり，$\tau: f(x) \mapsto f(x+1)$ により差分体になる[1]．

4.2 q 差分方程式をみたす関数

q 差分でも同様の定理が成り立つ．この場合は独立変数のベキ根に関する有理関数体が現れる．

定理 4.4 C を代数閉体，$C(t)$ を有理関数体とする．$q \in C^{\times}$ は 1 のベキ根ではないとし，$\mathcal{K} = (C(t), \tau_0: f(t) \mapsto f(qt))$ を差分体，$\mathcal{L} = (L, \tau)$ を $\mathcal{K}$ の差分拡大体であって $[L : C(t)] = n < \infty$ であるものとする．このとき $L = C(z)$, $z^n = t$ と表せる．また，$\tau z = rz$, $r^n = q$, $r \in C$ と表せる．

証明 $\mathcal{K}$ は可逆差分体であるから，定理 3.9 より $\mathcal{L}$ も可逆である．まず，$Q|P_\alpha$ が分岐しているような $Q \in \mathbb{P}_L$, $P_\alpha \in \mathbb{P}_{C(t)}$ が存在するなら α は 0 または ∞ であることを背理法により示そう．$\alpha \in C^{\times}$ と仮定する．$t - \alpha$ が P_α の素元であることより，任意の $i \geq 0$ に対して $q^i t - \alpha$ が $\tau^i P_\alpha \in \mathbb{P}_{C(t)}$ の素元であることがわかる．したがって $\tau^i P_\alpha = P_{\alpha/q^i}$ $(i \geq 0)$ が成り立つ．しかし，$e(Q|P_\alpha) > 1$ より $e(\tau^i Q|P_{\alpha/q^i}) > 1$ $(i \geq 0)$ であるから，L において分岐する $C(t)$ のプレイスが無限に存在することになり矛盾．以上により，$P \in \mathbb{P}_{C(t)}$ が L において分岐するなら $P = P_0$ または $P = P_\infty$ であることがわかった．L/C の種数を g とおくと，

---

[1] これは関数論により正当化される．例えば $\sqrt{x}$ を上半平面で定義された正則関数とみなせば $\mathbb{C}[\sqrt{x}, \sqrt{x+1}, \cdots]$ は上半平面で正則な関数からなる整域であり，τ により差分環になる．この商体をとればよい．

$$2g - 2 = -2n + \sum_{Q|P_0} (e(Q|P_0) - 1) + \sum_{Q|P_\infty} (e(Q|P_\infty) - 1)$$

$$\leq -2n + (n-1) + (n-1) = -2$$

であるから，$g = 0$ を得る．さらに，この式より

$$\sum_{Q|P_0} (e(Q|P_0) - 1) + \sum_{Q|P_\infty} (e(Q|P_\infty) - 1) = 2(n-1)$$

であるから，P_0, P_∞ の L への拡張はただ一つであり，分岐指数は n である．$L = C(y)$ と表す．$t \in C(y)$ より

$$t = a \prod (y - \beta_i)^{v_{\beta_i}(t)}, \quad a, \beta_i \in C$$

と表せる．ここで v_{β_i} は $y - \beta_i$ を素元とするプレイス $Q_{\beta_i} \in \mathbb{P}_{C(y)}$ に関する離散付値である．$P_{\alpha_i} = Q_{\beta_i} \cap C(t) \in \mathbb{P}_{C(t)}$ とおくと，

$$v_{\beta_i}(t) = e(Q_{\beta_i}|P_{\alpha_i})v_{\alpha_i}(t) = \begin{cases} 0 & (\alpha_i \in C^\times), \\ n & (\alpha_i = 0), \\ -n & (\alpha_i = \infty) \end{cases}$$

となり，$v_{\beta_i}(t)$ は n の倍数であることがわかる．したがって $t = z^n$, $z \in C(y)$ と表せる．

$$[L : C(t)] = [C(z) : C(t)] = n$$

であるから，$L = C(z)$ である．また，

$$\left(\frac{\tau z}{z}\right)^n = \frac{\tau t}{t} = q$$

より $\tau z = rz$, $r^n = q$, $r \in C$ と表せる． $\square$

例 4.5 第 2 章で紹介したチャカロフ関数 $T_q(t)$ が超越関数であることを示そう．$T_q(qt) = 1 + tT_q(t)$ が成り立った．ここで $|q| > 1$ より q は 1 のベキ根でないことに注意する．$\mathbb{C}(t)$ と $L = \mathbb{C}(t, T_q(t))$ は $\tau \colon f(t) \mapsto f(qt)$ により差分体である．$T_q(t)$ が代数関数であると仮定すると，$L/\mathbb{C}(t)$ は有限次拡大である．定理 4.4 より $L = \mathbb{C}(z)$, $z^n = t$ と表せる．ここで $n = [L : \mathbb{C}(t)]$ であり，$\tau z =$

rz, $r^n = q$, $r \in \mathbb{C}$ である.

$$T_q = \frac{P(z)}{Q(z)}, \quad P(z), Q(z) \in \mathbb{C}[z] \setminus \{0\}$$

と表す. ここで P, Q は互いに素とし, Q はモニックとする. $\tau T_q = 1 + t T_q$ より

$$\frac{P(rz)}{Q(rz)} = 1 + z^n \frac{P(z)}{Q(z)},$$

であるから,

$$P(rz)Q(z) = Q(rz)(Q(z) + z^n P(z))$$

を得る. $P(rz)$ と $Q(rz)$ は互いに素であるから, $Q(rz) \mid Q(z)$ が成り立つ. したがって $Q(z) = z^d$ と表せる. 実際,

$$Q(z) = z^d + a_{d-1}z^{d-1} + \cdots + a_0$$

と表すと,

$$Q(rz) = r^d z^d + r^{d-1}a_{d-1}z^{d-1} + \cdots + a_0$$

となり, 最高次の係数を比較すると $Q(rz) = r^d Q(z)$ がわかる. さらに係数を比較すれば $0 \le i \le d-1$ に対して $r^i a_i = r^d a_i$, つまり $a_i = 0$ を得る. ここで r が 1 のベキ根ではないことを用いた. $Q(z) = z^d$ を上記の式に代入して

$$P(rz) = r^d(z^d + z^n P(z))$$

を得る. $d > 0$ なら $z \mid P(rz)$ となり矛盾するため, $d = 0$ である. したがって $P(rz) = 1 + z^n P(z)$ が成り立つが, 次数を比較すると矛盾を得る. 以上により $T_q(t)$ は超越関数であることが示された.

4.3 Mahler 型方程式をみたす関数

Mahler 型の場合は q 差分と同じ結果になる.

定理 4.6 C を代数閉体, $C(x)$ を有理関数体とする. $\mathcal{K} = (C(x), \tau_0 : f(x) \mapsto f(x^d))$ $(d \in \mathbb{Z}_{>1})$ を差分体とし, $\mathcal{L} = (L, \tau)$ を $\mathcal{K}$ の差分拡大体であって $[L : C(x)] = n < \infty$ であるものとする. このとき $L = C(z)$, $z^n = x$ と表せる. また, $\tau z = \zeta z^d$, $\zeta^n = 1$, $\zeta \in C$ と表せる.

証明 $\mathcal{K}$ は準可逆差分体であるから,定理 3.9 より $\mathcal{L}$ は準可逆であり,$[L : \tau L] = [C(x) : C(x^d)] = d$ が成り立つ.まず $P_\alpha \in \mathbb{P}_{C(x)}$ $(\alpha \in C^\times)$ としたとき,$\tau P_\alpha \in \mathbb{P}_{C(x^d)}$ は $C(x)$ において分岐しないことを示そう.このとき $x - \alpha$ は P_α の素元であるから,$x^d - \alpha$ は τP_α の素元である.$P_\beta \in \mathbb{P}_{C(x)}$ を τP_α の拡張とすると,

$$v_\beta(x^d - \alpha) = e(P_\beta | \tau P_\alpha) v_{\tau P_\alpha}(x^d - \alpha) = e(P_\beta | \tau P_\alpha) \geq 1$$

となるから $\beta \in C^\times$ である.$x^d - \alpha$ は重根をもたないから,$v_\beta(x^d - \alpha) = e(P_\beta | \tau P_\alpha) = 1$ が成り立つ.したがって τP_α $(\alpha \in C^\times)$ は $C(x)$ において分岐せず,その $C(x)$ への拡張は P_0 でも P_∞ でもないことがわかった.

L において分岐する $C(x)$ のプレイスは高々有限個であり,$C(x)$ のプレイスの L への拡張は有限個であるから,$Q|P$ が分岐しているような $Q \in \mathbb{P}_L$,$P \in \mathbb{P}_{C(x)}$ の組は高々有限個である.P が P_0, P_∞ と異なるような組が存在すると仮定して矛盾を導こう.$Q^{(i)}|P^{(i)}$ $(i = 1, \cdots, r)$ をそのような組のすべてとする.最初に i を固定して考える.$e(Q^{(i)}|P^{(i)}) > 1$ より $e(\tau Q^{(i)}|\tau P^{(i)}) > 1$ である.$Q \in \mathbb{P}_L$ を $\tau Q^{(i)} \in \mathbb{P}_{\tau L}$ の拡張とし,$P = Q \cap C(x) \in \mathbb{P}_{C(x)}$ とおく.$P|\tau P^{(i)}$ であり,$e(P|\tau P^{(i)}) = 1$ であることに注意して,

$$\begin{aligned} e(Q|P) &= e(Q|P)e(P|\tau P^{(i)}) = e(Q|\tau P^{(i)}) \\ &= e(Q|\tau Q^{(i)})e(\tau Q^{(i)}|\tau P^{(i)}) \\ &\geq e(\tau Q^{(i)}|\tau P^{(i)}) > 1 \end{aligned}$$

を得る.$P \neq P_0, P_\infty$ であるから,ある $1 \leq j \leq r$ に対して $Q = Q^{(j)}$,$P = P^{(j)}$ である.以上により,$\tau Q^{(i)}$ の L への拡張は $Q^{(j)}$ たちのいずれかであることがわかった.$\tau Q^{(1)}, \cdots, \tau Q^{(r)}$ はすべて異なるから,それぞれの L への拡張をあわせると r 個以上になる.一方,$Q^{(j)}$ は r 個しかないから,各 $\tau Q^{(i)}$ の L への拡張はただ一つであることがわかる.したがって定理 3.37 より

$$e(Q^{(j)}|\tau Q^{(i)}) = [L : \tau L] = d \geq 2$$

であり,上述の議論より

88 第 4 章 関数の超越性と代数的独立性

$$e(Q^{(j)}|P^{(j)}) = e(Q^{(j)}|\tau Q^{(i)})e(\tau Q^{(i)}|\tau P^{(i)})$$
$$> e(\tau Q^{(i)}|\tau P^{(i)}) = e(Q^{(i)}|P^{(i)})$$

である．i を $e(Q^{(i)}|P^{(i)})$ が最大になるようにとると，矛盾を得る．したがっ
て，$P \in \mathbb{P}_{C(x)}$ が L において分岐するなら $P = P_0$ または $P = P_\infty$ である．

以下，q 差分の場合と全く同様にして $L = C(z)$, $z^n = x$ と表せることがわか
る．さらに

$$\left(\frac{\tau z}{z^d}\right)^n = \frac{\tau x}{(z^d)^n} = \frac{x^d}{x^d} = 1$$

より，$\tau z = \zeta z^d$, $\zeta^n = 1, \zeta \in C$ と表せる． $\square$

例 4.7 第 2 章で紹介した Mahler 型差分方程式 $f(x^d) = f(x) - x$ をみたす
関数 $f(x) = \sum\limits_{k=0}^{\infty} x^{d^k}$ が超越関数であることを示そう．代数関数であると仮定する
と，$\mathbb{C}(x)$ と $L = \mathbb{C}(x, f(x))$ は $\tau\colon y(x) \mapsto y(x^d)$ により差分体であり，$L/\mathbb{C}(x)$
は有限次拡大である．定理 4.6 より $L = \mathbb{C}(z)$, $z^n = x$ と表せる．ここで $n = [L : \mathbb{C}(x)]$ であり，$\tau z = \zeta z^d$, $\zeta^n = 1, \zeta \in \mathbb{C}$ である．

$$f = \frac{P(z)}{Q(z)}, \quad P(z), Q(z) \in \mathbb{C}[z] \setminus \{0\}$$

と表そう．ここで P, Q は互いに素とし，Q はモニックとする．$\tau f = f - x$ より

$$P(\zeta z^d)Q(z) = Q(\zeta z^d)(P(z) - z^n Q(z))$$

を得る．$P(\zeta z^d)$ と $Q(\zeta z^d)$ は互いに素であるから，$Q(\zeta z^d) \mid Q(z)$ が成り立つ．
したがって $Q = 1$ である．

$$P(\zeta z^d) = P(z) - z^n$$

となるから，次数を比較すると $n = d \cdot \deg P > \deg P$ がわかる．一方，

$$P(z) = a_0 + a_m z^m + \cdots, \quad a_m \neq 0, \ m \geq 1$$

と表すと，

$$-z^n = (a_0 + a_m(\zeta z^d)^m + \cdots) - (a_0 + a_m z^m + \cdots)$$

より $n = m \leq \deg P$ となり矛盾を得る．したがって $f(x)$ は超越関数である．

4.4 次数による方法

指数関数 e^x が超越関数であることを，以下のように乗法公式 $e^{2x} = (e^x)^2$ を用いて示すこともできる．$\mathcal{L} = (\mathbb{C}(x, e^x), \tau \colon f(x) \mapsto f(2x))$ を差分体，$\mathcal{K} = (\mathbb{C}(x), \tau)$ を $\mathcal{L}$ の差分部分体とする．e^x が $\mathbb{C}(x)$ 上代数的であると仮定すると，定理 3.9 より $\mathcal{L}$ は可逆である．このとき定理 3.24 より $\mathcal{L}$ の差分部分体 $\mathcal{M} = (\mathbb{C}(e^x), \tau)$ は可逆である．しかし e^x は定数関数でないから $\mathbb{C}$ 上超越的であり，定理 3.5 より $[\mathbb{C}(e^x) : \mathbb{C}((e^x)^2)] = 2$ が成り立つから矛盾．したがって e^x は超越関数である．

同様に Weierstrass の $\wp$ 関数が超越関数であることも乗法公式

$$\wp(2x) = \frac{1}{16} \cdot \frac{16\wp(x)^4 + 8g_2\wp(x)^2 + 32g_3\wp(x) + g_2^2}{4\wp(x)^3 - g_2\wp(x) - g_3}, \quad g_2^3 - 27g_3^2 \neq 0$$

からわかる．分子と分母が互いに素であることはユークリッドの互除法により得られる．さらに，この発想を用いて $x, e^x, \wp(x)$ が $\mathbb{C}$ 上代数的独立であることを示すことができる．一般に次の定理が成り立つ [22].

定理 4.8 $\mathcal{K}$ を差分体，$\mathcal{L} = (L, \tau)$ を $\mathcal{K}$ の差分拡大体とし，

$$f_{11}, \cdots, f_{1m_1}, f_{21}, \cdots, f_{2m_2}, \cdots, f_{n1}, \cdots, f_{nm_n} \in L \quad (n \geq 1, m_i \geq 1)$$

が

$$\tau(f_{ij})B_{ij}(f_{ij}) = A_{ij}(f_{ij}), \quad A_{ij}, B_{ij} \in K[X] \setminus \{0\}$$

をみたすとする．ここで A_{ij}, B_{ij} は互いに素で，

$$\max\{\deg A_{ij}, \deg B_{ij}\} = c_i \geq 1, \quad c_i \neq c_j \ (i \neq j)$$

が成り立つとする．このとき，組 $f_{i1}, \cdots, f_{im_i} \ (1 \leq i \leq n)$ がそれぞれ K 上代数的独立なら，すべての f_{ij} からなる組は K 上代数的独立である．

証明には次の補題を用いる．

補題 4.9 $\mathcal{K}$ を差分体，$\mathcal{L} = (L, \tau)$ を $\mathcal{K}$ の差分拡大体とする．$f \in L$ が $\tau(f)B(f) = A(f)$ をみたすとする．ここで $A, B \in K[X] \setminus \{0\}$ は互いに素で，$d = \max\{\deg A, \deg B\} \geq 1$ であるものとする．このとき，f が K 上超越的なら $n = 0, 1, 2, 3, \cdots$ に対して次が成り立つ．

90　第 4 章　関数の超越性と代数的独立性

(1) $[K(f) : K(\tau^n f)] = d^n$.

(2) $\tau^n f$ は K 上超越的.

証明　n に関する帰納法で示す. $n = 0$ のときは明らか. $n \geq 1$ とし, $n - 1$ で成り立つとする. $\tau f = A(f)/B(f)$ より

$$\tau^n f = \frac{A^{\tau^{n-1}}(\tau^{n-1} f)}{B^{\tau^{n-1}}(\tau^{n-1} f)} \in K(\tau^{n-1} f)$$

を得る. ここで例 3.8 のように $P = \sum_{i=0}^{m} a_i X^i \in K[X]$ に対して $P^{\tau^{n-1}} = \sum_{i=0}^{m} \tau^{n-1}(a_i) X^i$ とする. A と B は互いに素であるから, $A^{\tau^{n-1}}$ と $B^{\tau^{n-1}}$ も互いに素である. 実際, $CA + DB = 1$ $(C, D \in K[X])$ に対して $C^{\tau^{n-1}} A^{\tau^{n-1}} + D^{\tau^{n-1}} B^{\tau^{n-1}} = 1$ が成り立つ.

$$\max\{\deg A^{\tau^{n-1}}, \deg B^{\tau^{n-1}}\} = \max\{\deg A, \deg B\} = d \geq 1$$

であり, 帰納法の仮定より $\tau^{n-1} f$ は K 上超越的であるから, $\tau^n f$ は K の元ではない. したがって定理 3.5 より $[K(\tau^{n-1} f), K(\tau^n f)] = d$ が成り立つ. 帰納法の仮定から

$$[K(f) : K(\tau^n f)] = [K(f) : K(\tau^{n-1} f)][K(\tau^{n-1} f) : K(\tau^n f)] = d^n$$

を得る. また, f は K 上超越的であるから, これより $\tau^n f$ も K 上超越的である. □

補題 4.10　L/K を体の拡大とし, $f_1, \cdots, f_n \in L$ $(n \geq 1)$ は K 上代数的独立であるとする. $g_1, \cdots, g_n \in L$ がそれぞれ $g_i \in K(f_i)$ かつ $d_i = [K(f_i) : K(g_i)] < \infty$ をみたすとき,

$$[K(f_1, \cdots, f_n) : K(g_1, \cdots, g_n)] = \prod_{i=1}^{n} d_i$$

が成り立つ.

証明 n に関する帰納法で示す. $n = 1$ のときは明らか. $n \geq 2$ とし, $n-1$ で成り立つとする. 定理 3.22 と補題 3.25 より $K(f_n)$ と $K(f_1, \cdots, f_{n-1})$ は K 上線形無関連であるから, 定理 3.17 より $K(f_n)$ と $K(f_1, \cdots, f_{n-1}, g_n)$ は $K(g_n)$ 上線形無関連である. したがって

$$[K(f_1, \cdots, f_{n-1}, f_n) : K(f_1, \cdots, f_{n-1}, g_n)] = [K(f_n) : K(g_n)] = d_n$$

が成り立つ. また, $K(g_n)$ と $K(f_1, \cdots, f_{n-1})$ も K 上線形無関連であるから, 定理 3.17 より $K(g_1, \cdots, g_{n-1}, g_n)$ と $K(f_1, \cdots, f_{n-1})$ は $K(g_1, \cdots, g_{n-1})$ 上線形無関連である. したがって帰納法の仮定より

$$[K(f_1, \cdots, f_{n-1}, g_n) : K(g_1, \cdots, g_{n-1}, g_n)]$$
$$= [K(f_1, \cdots, f_{n-1}) : K(g_1, \cdots, g_{n-1})] = \prod_{i=1}^{n-1} d_i$$

を得る. 以上をまとめると,

$$[K(f_1, \cdots, f_n) : K(g_1, \cdots, g_n)]$$
$$= [K(f_1, \cdots, f_{n-1}, f_n) : K(f_1, \cdots, f_{n-1}, g_n)]$$
$$\times [K(f_1, \cdots, f_{n-1}, g_n) : K(g_1, \cdots, g_{n-1}, g_n)]$$
$$= d_n \prod_{i=1}^{n-1} d_i = \prod_{i=1}^{n} d_i$$

となる. $\square$

定理の証明 $m = \sum_{i=1}^{n} m_i \geq 1$ に関する帰納法で示す. $m = 1$ のとき, $n = 1$ かつ $m_1 = 1$ より成り立つ. $m \geq 2$ とし, $m-1$ で成り立つとする. $n \geq 2$ としてよい. 組 $f_{i1}, \cdots, f_{im_i}$ $(1 \leq i \leq n)$ はそれぞれ K 上代数的独立であるが, すべての f_{ij} からなる組は K 上代数的従属であると仮定して矛盾を導く. このとき f_{ij} は K 上超越的であるから, 補題 4.9 より

$$[K(f_{ij}) : K(\tau^k f_{ij})] = c_i^k$$

が $k = 0, 1, 2, \cdots$ に対して成り立つ. $F = \{f_{11}, \cdots, f_{nm_n}\}$ をすべての f_{ij} か

92　第 4 章　関数の超越性と代数的独立性

らなる集合とし，さらに

$$F^{(pq)} = \{f_{ij} \mid (i,j) \neq (p,q)\}, \quad 1 \leq p \leq n,\ 1 \leq q \leq m_p,$$

$$D_k = [K(F) : K(\tau^k F)], \quad k \geq 0,$$

$$D_k^{(pq)} = [K(F^{(pq)}) : K(\tau^k F^{(pq)})], \quad k \geq 0$$

とおく．帰納法の仮定より f_{pq} を除く f_{ij} 全体は K 上代数的独立であるから，補題 4.10 より

$$
\begin{aligned}
D_k^{(pq)} &= \prod_{(i,j)\neq(p,q)} [K(f_{ij}) : K(\tau^k f_{ij})] \\
&= \left(\prod_{i,j}[K(f_{ij}) : K(\tau^k f_{ij})]\right) [K(f_{pq}) : K(\tau^k f_{pq})]^{-1} \\
&= \left(\prod_{1\leq i\leq n}\prod_{1\leq j\leq m_i} c_i^k\right) c_p^{-k} \\
&= \left(\prod_{1\leq i\leq n} c_i^{km_i}\right) c_p^{-k}
\end{aligned}
$$

を得る．また，背理法の仮定より f_{pq} は $K(F^{(pq)})$ 上代数的であるから，

$$d^{(pq)} = [K(F) : K(F^{(pq)})] < \infty,$$

$$d_k^{(pq)} = [K(\tau^k F) : K(\tau^k F^{(pq)})] \leq d^{(pq)}, \quad k \geq 0$$

とおく．後者の不等号は $P(f_{pq}) = 0,\ P \in K(F^{(pq)})[X]$ なら $P^{\tau^k}(\tau^k f_{pq}) = 0$ であることからわかる．定義より $d^{(pq)} D_k^{(pq)} = D_k d_k^{(pq)}$ が成り立つ．$1 \leq p, p' \leq n$ を $c_p < c_{p'}$ をみたすようにとる．任意の $k \geq 0$ に対して，

$$D_k^{(p1)} = \left(\prod_{1\leq i\leq n} c_i^{km_i}\right) c_p^{-k}, \quad D_k^{(p'1)} = \left(\prod_{1\leq i\leq n} c_i^{km_i}\right) c_{p'}^{-k}$$

より

$$
\begin{aligned}
\left(\frac{c_{p'}}{c_p}\right)^k &= \frac{D_k^{(p1)}}{D_k^{(p'1)}} = \frac{D_k d_k^{(p1)} d^{(p'1)}}{d^{(p1)} D_k d_k^{(p'1)}} = \frac{d_k^{(p1)} d^{(p'1)}}{d^{(p1)} d_k^{(p'1)}} \\
&\leq \frac{d^{(p1)} d^{(p'1)}}{d^{(p1)} 1} = d^{(p'1)}
\end{aligned}
$$

が成り立つ. しかし $c_{p'}/c_p > 1$ であるから矛盾. したがって帰納法により定理が証明された. □

例 4.11 $f_1 = x, f_2 = e^x, f_3 = \wp(x)$ とおく. $\tau: f(x) \mapsto f(2x)$ に対して

$$\tau f_1 = 2f_1 = \frac{A_1(f_1)}{B_1(f_1)}, \ \tau f_2 = f_2^2 = \frac{A_2(f_2)}{B_2(f_2)}, \ \tau f_3 = \frac{A_3(f_3)}{B_3(f_3)}$$

と表せる. ここで $A_i, B_i \in \mathbb{C}[X]$ は互いに素とする. このとき

$$c_1 = \max\{\deg A_1, \deg B_1\} = \max\{1, 0\} = 1,$$

$$c_2 = \max\{\deg A_2, \deg B_2\} = \max\{2, 0\} = 2,$$

$$c_3 = \max\{\deg A_3, \deg B_3\} = \max\{4, 3\} = 4$$

が成り立つ. したがって定理より $x, e^x, \wp(x)$ は $\mathbb{C}$ 上代数的独立である.

第 5 章

和分と Karr の構造定理

本章では Liouville の定理の差分版とされる Karr の構造定理を紹介する. Karr の論文 [11] と Schneider の論文 [35] を参考にしているが, $\Pi\Sigma^*$ 拡大に代数拡大を付け加えたり用語を変えるなど, 若干の変更を加えている.

5.1 $\Pi\Sigma^*$ 拡大

定義 5.1 差分体 $\mathcal{K} = (K, \tau)$ に対して $C_{\mathcal{K}} = \{a \in K \mid \tau a = a\}$ と定め, $a \in C_{\mathcal{K}}$ を**不変元** (invariant) という. $C_{\mathcal{K}}$ は K の部分体である.

定義 5.2 $\mathcal{L}/\mathcal{K}$ を差分拡大とし, $C_{\mathcal{L}} = C_{\mathcal{K}} = C$ が成り立つとする. $\mathcal{L} = (L, \tau)$ と表し, $\Delta = \tau - 1$ とおく. 次の条件をみたす差分体の列

$$\mathcal{K} = \mathcal{K}_0 \subset \mathcal{K}_1 \subset \cdots \subset \mathcal{K}_n = \mathcal{L} \quad (\mathcal{K}_i = (K_i, \tau))$$

が存在するとき, $\mathcal{L}/\mathcal{K}$ を $\mathrm{A}\Pi\Sigma^*$ **拡大**という.

（条件）$K_i = K_{i-1}(t_i)$ であって, t_i は次のいずれかをみたす.

(1) t_i は K_{i-1} 上代数的.

(2) t_i は K_{i-1} 上超越的で, $\Delta t_i = \beta_i$ をみたす $\beta_i \in K_{i-1}^{\times}$ が存在する.

(3) t_i は K_{i-1} 上超越的で, $\tau(t_i)/t_i = \alpha_i$ をみたす $\alpha_i \in K_{i-1}^{\times}$ が存在する.

条件から (1) を除いたものを $\Pi\Sigma^*$ **拡大**という. $t_1, \cdots, t_n$ を $\mathrm{A}\Pi\Sigma^*$ 拡大（あるいは $\Pi\Sigma^*$ 拡大）$\mathcal{L}/\mathcal{K}$ の**生成系**という[1].

生成系のとり方について, 次の定理がある.

---

[1] Karr は basis と呼んでいる.

定理 5.3 $A\Pi\Sigma^*$ 拡大 $\mathcal{L}/\mathcal{K}$ の生成系 $t_1, \cdots, t_n$ をとるとき,条件 (2) をみたす t_i であって $\Delta t_i = \beta_i \notin K$ であるものは次をみたすようにできる.

- 任意の $h \in K_{i-1}$ に対して $\Delta(t_i + h) = \beta_i + \Delta h \notin K$ である.

このような生成系を**簡約された生成系**という.

証明 条件 (2) をみたす t_i に対して $\Delta(t_i + h) \in K$ となる $h \in K_{i-1}$ が存在するとき,$t_i' = t_i + h$ とおくと,$K_i = K_{i-1}(t_i')$ が成り立つ.このように t_i を t_i' に取り替えていけばよい. □

5.2 Karr の構造定理

Karr は $\Pi\Sigma^*$ 拡大ではなく $\Pi\Sigma$ 拡大というもので議論を展開しているが,ここでは Schneider にならって $*$ 付きで定理を紹介する.

定理 5.4 $\mathcal{L}/\mathcal{K}$ を $A\Pi\Sigma^*$ 拡大,$t_1, \cdots, t_n$ を簡約された生成系とする.ここで $\mathcal{L} = (L, \tau)$,$\Delta = \tau - 1$,$K_i = K(t_1, \cdots, t_i)$ とし,

$$S = \{1 \le i \le n \mid t_i \text{ が } K_{i-1} \text{ 上超越的で,} \Delta t_i \in K\}$$

とおく.$f \in K$ とする.$\Delta g = f$ をみたす $g \in L$ が存在するなら,

$$f = \Delta w + \sum_{i \in S} c_i \beta_i, \quad w \in K, \, c_i \in C_{\mathcal{K}}$$

と表せる.ここで $\beta_i - \Delta t_i \in K$ である.また,

$$g = c + w + \sum_{i \in S} c_i t_i, \quad c \in C_{\mathcal{K}}$$

と表せる.

証明 後半の主張は

$$\Delta\left(g - w - \sum_{i \in S} c_i t_i\right) = f - \Delta w - \sum_{i \in S} c_i \beta_i = 0$$

であることからわかる.前半の主張を n に関する帰納法で示そう.$g \ne 0$ とし

てよい. $n = 0$ のときは $w = g$ とおけばよい. $n \geq 1$ とし, $n-1$ で成り立つとする.

(i) まず t_n が K_{n-1} 上超越的で, $\Delta t_n = \beta_n$ をみたす $\beta_n \in K_{n-1}^{\times}$ が存在する場合を考える. $t_n = t$ とおく. $g \in L = K_{n-1}(t)$ であるから, $g = A(t)/B(t)$ と表す. ここで $A, B \in K_{n-1}[X] \setminus \{0\}$ は互いに素であり, B はモニックとする. $\tau t = t + \beta_n$ であるから,

$$f = \Delta g = \tau g - g = \frac{A^{\tau}(t + \beta_n)}{B^{\tau}(t + \beta_n)} - \frac{A(t)}{B(t)}$$

となり,

$$f B^{\tau}(t + \beta_n) B(t) = A^{\tau}(t + \beta_n) B(t) - A(t) B^{\tau}(t + \beta_n)$$

を得る. $A(t)$ と $B(t)$ は互いに素であるから, $B(t) \mid B^{\tau}(t + \beta_n)$ がわかる. B はモニックであるから, $B^{\tau}(t + \beta_n) = B(t)$ が成り立つ. したがって上記の等式は

$$f B(t) = A^{\tau}(t + \beta_n) - A(t) \tag{5.1}$$

となる.

$$A = at^d + bt^{d-1} + \cdots, \quad a \neq 0$$

と表すと, $d \geq \deg B$ であり, $d > \deg B$ なら $0 = \tau a - a$, $d = \deg B$ なら $f = \tau a - a = \Delta a$ が成り立つ. 後者なら $a \in K_{n-1}$ であるから, 帰納法の仮定より前半の主張を得る. 前者の場合, $a \in C_{\mathcal{L}} = C_{\mathcal{K}} \subset K$ に注意して議論を進める. 等式 (5.1) の t^{d-1} の項を比較すると,

$$ad\beta_n + \tau b - b = 0 \text{ または } f \ (\in K) \tag{5.2}$$

を得る. ここで $h = b/ad \in K_{n-1}$ とおくと,

$$\Delta(t + h) = \beta_n + \frac{\tau b}{ad} - \frac{b}{ad} \in K$$

となるから, 生成系が簡約されていることより $\Delta t = \beta_n \in K$ である. また, $\Delta(t + h) = 0$ と仮定すると $t + h \in C_{\mathcal{L}} \subset K$ より $t \in K_{n-1}$ となるため矛盾する. したがって等式 (5.2) の右辺は f であり, よって

$$\Delta b = f - c_n \beta_n \in K, \quad c_n = ad \in C_{\mathcal{K}}$$

と表せる. $b \in K_{n-1}$ であるから, 帰納法の仮定より

$$f - c_n \beta_n = \Delta w + \sum_{i \in S \setminus \{n\}} c_i \beta_i, \quad w \in K, \, c_i \in C_{\mathcal{K}}$$

と表せる. したがって前半の主張が成り立つ.

(ii) 次に t_n が K_{n-1} 上超越的で, $\tau(t_n)/t_n = \alpha_n$ をみたす $\alpha_n \in K_{n-1}^\times$ が存在する場合を考える. $t_n = t$ とおき,

$$g = \frac{A(t)}{B(t)}, \quad A, B \in K_{n-1}[X] \setminus \{0\}$$

と表す. ここで A, B は互いに素であり, B はモニックであるとする.

$$f = \Delta g = \frac{A^\tau(\alpha_n t)}{B^\tau(\alpha_n t)} - \frac{A(t)}{B(t)}$$

より

$$f B^\tau(\alpha_n t) B(t) = A^\tau(\alpha_n t) B(t) - A(t) B^\tau(\alpha_n t)$$

であるから, $B(t) \mid B^\tau(\alpha_n t)$ が成り立つ. したがって

$$B^\tau(\alpha_n t) = \alpha_n^e B(t), \quad e = \deg B$$

と表せるから, 上記の式は

$$f \alpha_n^e B(t) = A^\tau(\alpha_n t) - \alpha_n^e A(t)$$

となる. t^e の項を比較すると

$$f \alpha_n^e = \tau(a) \alpha_n^e - \alpha_n^e a, \quad a \in K_{n-1}$$

を得る. α_n^e で割ると $\Delta a = f$ であるから, 以下, 帰納法の仮定を用いればよい.

(iii) 最後に t_n が K_{n-1} 上代数的な場合を考える. このとき g は K_{n-1} 上代数的である. P を g の K_{n-1} 上の最小多項式とすると, $P(g) = 0$ より

$$0 = P^\tau(\tau g) = P^\tau(g + f)$$

となる. $P^\tau(X + f) \in K_{n-1}[X]$ であるから, $P \mid P^\tau(X + f)$ が成り立つ. したがって $P^\tau(X + f) = P$ である.

$$P = X^d + a X^{d-1} + \cdots$$

と表し，X^{d-1} の項を比較すれば $df + \tau a = a$ を得る．$b = -a/d \in K_{n-1}$ は

$$\Delta b = -\frac{1}{d}\Delta a = f$$

をみたす．以下，帰納法の仮定を用いればよい． $\square$

注意 5.5 $A\Pi\Sigma^*$ 拡大 $\mathcal{L}/\mathcal{K}$ に対して，定理の記号のもとで $S = \{i_1, \cdots, i_m\}$ とおくと，L の中にある K の元の「和分」全体は

$$\{g \in L \mid \Delta g \in K\} = K + \langle t_{i_1}, \cdots, t_{i_m} \rangle$$

である．ここで $\langle \cdots \rangle$ は $C_{\mathcal{K}}$ 上の 1 次結合全体を表す．$t_{i_1}, \cdots, t_{i_m}$ はもともと K の元の「和分」として添加されたものだったから，この集合には目新しいものはないといえる．

第6章

差分方程式の非可解性

6.1 微分方程式の場合

本節の内容は西岡久美子『微分体の理論』[17] にもとづく. 求積法において, 1 階線形微分方程式

$$y' + p(x)y + q(x) = 0$$

の一般解は

$$y = Cz(x) - z(x) \int \frac{q(x)}{z(x)} dx, \quad z(x) = \exp\left(-\int p(x)\, dx\right)$$

であるとか, 定数係数 2 階線形微分方程式

$$y'' + py' + qy = r(x)$$

の一般解は斉次方程式の解 $y_1(x), y_2(x)$ を用いて

$$y = C_1 y_1(x) + C_2 y_2(x)$$
$$+ y_1(x) \int \frac{-r(x)y_2(x)}{W(y_1, y_2)} dx + y_2(x) \int \frac{r(x)y_1(x)}{W(y_1, y_2)} dx$$

であるなどと述べられる. W はロンスキアンである. 共通することとして, 一般解が指数関数と不定積分（原始関数）によって書かれていることに注意したい. このような解を含む微分拡大を初等拡大を模して定義する.

定義 6.1 $\mathcal{L}/\mathcal{K}$ を微分拡大, $C_{\mathcal{K}} = C_{\mathcal{L}} = C$ とし, C は代数閉体であるとする. $\mathcal{L} = (L, D)$, $\mathcal{K} = (K, D|_K)$ と表す. 次の条件をみたす微分体の列

$$\mathcal{K} = \mathcal{K}_0 \subset \cdots \subset \mathcal{K}_n = \mathcal{L} \quad (\mathcal{K}_i = (K_i, D|_{K_i}))$$

が存在するとき，$\mathcal{L}/\mathcal{K}$ を **Liouville 拡大**という．

（条件）$K_i = K_{i-1}(t_i)$ であって，t_i は次のいずれかをみたす．

(1) t_i は K_{i-1} 上代数的．

(2) $Dt_i = s$ をみたす $s \in K_{i-1}$ が存在する．

(3) $D(t_i)/t_i = s$ をみたす $s \in K_{i-1}$ が存在する．

条件の (2) は s の原始関数 $\int s\,dx$ をとることに対応する．また，(3) は s の原始関数の指数関数 $\exp(\int s\,dx)$ をとることに対応し，初等拡大の $\exp s$ を作る条件

- $D(t_i)/t_i = D(s)$ をみたす $s \in K_{i-1}$ が存在する．

を含んでいる．さらに $\log s\ (s \in K_{i-1})$ は $D(s)/s \in K_{i-1}$ より (2) で作ることができるから，初等拡大は Liouville 拡大である．

Picard-Vessiot 理論という線形微分方程式のガロワ理論では，基本解系がある Liouville 拡大に含まれることと，ガロワ群の単位元を含む既約成分が可解であることが同値になる[1]．また，Kaplansky [10] による次の定理が知られている．

定理 6.2 (西岡久美子 [17], 定理 6.9) $D\colon f(x) \mapsto f'(x)$ を有理関数体 $\mathbb{C}(x)$ の通常の微分とし，$\mathcal{K} = (\mathbb{C}(x), D)$ とおく．Airy 方程式

$$y'' - xy = 0$$

は $\mathcal{K}$ の Liouville 拡大の中に非自明解をもたない．これを Airy 方程式の**非可解性**という．

Rosenlicht の論文 [31] にみられるように，可解性の研究には付値環が有用である．

定義 6.3 $\mathcal{L}/\mathcal{K}$ を微分拡大とし，$\mathcal{L} = (L, D)$，$\mathcal{K} = (K, D|_K)$ と表す．次の条件をみたす微分体の列

---

[1] 西岡久美子 [17], 定理 4.22

$$\mathcal{K} \subset \mathcal{K}_0 \subset \cdots \subset \mathcal{K}_n = \mathcal{L} \quad (\mathcal{K}_i = (K_i, D|_{K_i}))$$

が存在するとき, $\mathcal{L}/\mathcal{K}$ を**微分付値型拡大**という.

（条件）次の (1) と (2) が成り立つ.

(1) K_0/K は有限次拡大である.

(2) K_i/K_{i-1} は 1 変数代数関数体であり, あるプレイス P が存在して $DP \subset P$ かつ $D\mathcal{O}_P \subset \mathcal{O}_P$ が成り立つ.

Liouville 拡大は微分付値型拡大である[2]. 前述の定理は次のように拡張される.

定理 6.4 (西岡久美子 [17], 系 6.13) $\mathcal{K} = (\mathbb{C}(x), D)$ を通常の微分を付加した有理関数体とする. Airy 方程式

$$y'' - xy = 0$$

の非自明解を y とすると, y, y' は $\mathcal{K}$ の微分付値型拡大体上代数的独立である.

Airy 方程式には q-Airy 方程式と呼ばれる q 差分版が存在する. 本章の最後で, この定理を q 差分化し q-Airy 方程式の非可解性を検証する.

6.2 Liouville-Franke 拡大と差分付値型拡大

Franke [6, 7] は線形差分方程式の Picard-Vessiot 理論を研究する中で Liouville 拡大の差分版として次の拡大を考えた.

定義 6.5 $\mathcal{L}/\mathcal{K}$ を差分拡大とし, $\mathcal{L} = (L, \tau)$ と $\mathcal{K}$ は可逆とする. $p \in \mathbb{Z}_{>0}$ に対して次の条件をみたす可逆差分体の列

$$\mathcal{K} = \mathcal{K}_0 \subset \cdots \subset \mathcal{K}_n = \mathcal{L}$$

が存在するとき, $\mathcal{L}/\mathcal{K}$ を τ^p に関する **Liouville-Franke 拡大** ($\mathrm{LF}^{(p)}$ **拡大**) という.

（条件）$\mathcal{K}_i = \mathcal{K}_{i-1}\langle t_i \rangle^*$ であって, t_i は次のいずれかをみたす.

---

[2] 西岡久美子 [17], 定理 6.3

(1) t_i は K_{i-1} 上代数的.

(2) $\tau^p t_i = t_i + \beta_i$ をみたす $\beta_i \in K_{i-1}$ が存在する.

(3) $\tau^p t_i = \alpha_i t_i$ をみたす $\alpha_i \in K_{i-1}$ が存在する.

このとき $\mathcal{K}_{i-1}\langle t_i \rangle$ の $\mathcal{L}$ における可逆閉包 $\mathcal{K}_i$ の基底体は

$$K_{i-1}(\cdots, \tau^{-2}t_i, \tau^{-1}t_i, t_i, \tau t_i, \tau^2 t_i, \cdots)$$

である.

$\mathrm{LF}^{(1)}$ 拡大は $\mathrm{A}\Pi\Sigma^*$ 拡大に似ているが, 不変元についての条件がないとか, 可逆でなければいけないといった違いがある.

例 6.6 例 2.26 の差分方程式

$$\tau y(x) = 2y(x) + x + 1 \quad (\tau y(x) = y(x+1))$$

の解は

$$y(x) = z(x)2^x, \quad z(x) = -\frac{x+2}{2^x} + c(x)$$

と表せた. $z(x)$ は

$$\tau z(x) - z(x) = \frac{x+1}{2^{x+1}}$$

をみたす. 不変関数 $c(x)$ が例えば複素平面 $\mathbb{C}$ 上有理型なら, $\mathcal{K} = \mathcal{K}_0 = (\mathbb{C}(x), \tau)$, $\mathcal{K}_1 = (\mathbb{C}(x, 2^x), \tau)$, $\mathcal{L} = \mathcal{K}_2 = (\mathbb{C}(x, 2^x, z(x)), \tau)$ とおくと $\mathcal{L}/\mathcal{K}$ は $\mathrm{LF}^{(1)}$ 拡大であり, $y(x) \in L$ である. したがって, この差分方程式は $\mathcal{K}$ のある $\mathrm{LF}^{(1)}$ 拡大の中に解をもつ.

Liouville-Franke 拡大において $\mathrm{LF}^{(1)}$ 拡大が基本的であることが以下の議論からわかる.

定義 6.7 $p \in \mathbb{Z}_{>0}$ とする. 差分体 $\mathcal{K} = (K, \tau)$ に対して $\mathcal{K}^{(p)} = (K, \tau^p)$ と定める.

定理 6.8 $\mathcal{L}/\mathcal{K}$ を差分拡大とし, $\mathcal{L}$ と $\mathcal{K}$ は可逆とする. $p \in \mathbb{Z}_{>0}$ とすると, $\mathcal{L}/\mathcal{K}$ が $\mathrm{LF}^{(p)}$ 拡大であることと $\mathcal{L}^{(p)}/\mathcal{K}^{(p)}$ が $\mathrm{LF}^{(1)}$ 拡大であることは同値である.

証明 ($\Rightarrow$) $\mathcal{L}/\mathcal{K}$ が $\mathrm{LF}^{(p)}$ 拡大であるとき

$$\mathcal{K} = \mathcal{K}_0 \subset \cdots \subset \mathcal{K}_n = \mathcal{L}$$

を定義における可逆差分体の列とする. t_i が $\mathcal{K}_{i-1}$ 上代数的なら $\tau^j t_i$ $(j \geq 1)$ も $\mathcal{K}_{i-1}$ 上代数的である. また, $\tau^p t_i = t_i + \beta_i$ なら

$$\tau^p(\tau^j t_i) = \tau^j(\tau^p t_i) = \tau^j t_i + \tau^j \beta_i,$$

$\tau^p t_i = \alpha_i t_i$ なら

$$\tau^p(\tau^j t_i) = \tau^j(\tau^p t_i) = \tau^j(\alpha_i)\tau^j t_i$$

が成り立つ. したがって各 $\mathcal{K}_i/\mathcal{K}_{i-1}$ に対して

$$\mathcal{K}_{i-1}^{(p)} \subset \mathcal{K}_{i-1}^{(p)}\langle t_i \rangle^* \subset \mathcal{K}_{i-1}^{(p)}\langle t_i, \tau t_i \rangle^* \subset \cdots$$
$$\subset \mathcal{K}_{i-1}^{(p)}\langle t_i, \tau t_i, \cdots, \tau^{p-1} t_i \rangle^* = \mathcal{K}_i^{(p)}$$

は $\mathrm{LF}^{(1)}$ 拡大であるから, 全体として $\mathcal{L}^{(p)}/\mathcal{K}^{(p)}$ は $\mathrm{LF}^{(1)}$ 拡大である.

($\Leftarrow$) $\mathcal{L}^{(p)}/\mathcal{K}^{(p)}$ が $\mathrm{LF}^{(1)}$ 拡大であるとき

$$\mathcal{K}^{(p)} = \mathcal{M}_0 \subset \cdots \subset \mathcal{M}_n = \mathcal{L}^{(p)} \quad (\mathcal{M}_i = (M_i, \tau^p))$$

を定義における可逆差分体の列とする. n に関する帰納法で示そう. $n = 0$ のときは明らか. $n \geq 1$ とし, $n-1$ で成り立つとする. $\mathcal{N} = \mathcal{K}\langle t_1 \rangle^*_{\mathcal{L}}$ とおくと, $\mathcal{N}/\mathcal{K}$ は $\mathrm{LF}^{(p)}$ 拡大である. 以下, $n \geq 2$ としてよい.

$$\mathcal{M}_1 = \mathcal{K}^{(p)}\langle t_1 \rangle^* \subset \mathcal{N}^{(p)} \subset \mathcal{N}^{(p)}\langle t_2 \rangle^* \subset \cdots$$
$$\subset \mathcal{N}^{(p)}\langle t_2, \cdots, t_n \rangle^* = \mathcal{L}^{(p)}$$

より $\mathcal{L}^{(p)}/\mathcal{N}^{(p)}$ は $\mathrm{LF}^{(1)}$ 拡大であるから, 帰納法の仮定より $\mathcal{L}/\mathcal{N}$ は $\mathrm{LF}^{(p)}$ 拡大である. したがって $\mathcal{L}/\mathcal{K}$ は $\mathrm{LF}^{(p)}$ 拡大である. $\square$

次に微分付値型拡大を差分化する [23].

定義 6.9 $\mathcal{L}/\mathcal{K}$ を差分拡大とし, $\mathcal{L} = (L, \tau)$ と表す. 次の条件をみたす差分体の列

$$\mathcal{K} = \mathcal{K}_0 \subset \cdots \subset \mathcal{K}_n = \mathcal{L}$$

104　第 6 章　差分方程式の非可解性

が存在するとき，$\mathcal{L}/\mathcal{K}$ を**差分付値型拡大**という.

（条件）$\mathcal{K}_i/\mathcal{K}_{i-1}$ は次のいずれかをみたす.

(1) K_i/K_{i-1} は代数拡大.

(2) K_i/K_{i-1} は 1 変数代数関数体であり，あるプレイス P と $j \in \mathbb{Z}_{>0}$ が存在して $\tau^j P \subset P$ が成り立つ.

微分付値型拡大と比べて，条件の (2) が $\tau^j \mathcal{O}_P \subset \mathcal{O}_P$ を含まないのは次の補題による.

補題 6.10　$\mathcal{L}/\mathcal{K}$ を差分拡大とする．L/K が 1 変数代数関数体であり，あるプレイス P と $j \in \mathbb{Z}_{>0}$ が存在して $\tau^j P \subset P$ が成り立つなら，$\tau^j \mathcal{O}_P \subset \mathcal{O}_P$ が成り立つ.

証明　$\tau^j \mathcal{O}_P \not\subset \mathcal{O}_P$ と仮定して矛盾を導く．このとき $x \in \tau^j \mathcal{O}_P \setminus \mathcal{O}_P$ が存在する．$v_P(x) < 0$ である．t を $\tau^j L/\tau^j K$ のプレイス $\tau^j P$ の素元とする．$t \in \tau^j P \subset P$ より $v_P(t) = n \geq 1$ となる.

$$v_P(x^n t) = n v_P(x) + v_P(t) \leq -n + n = 0$$

であるから，$x^n t \notin P$ がわかる．しかし $x \in \tau^j \mathcal{O}_P$ と $t \in \tau^j P$ からは $x^n t \in \tau^j P \subset P$ が得られるから矛盾．　　　　　　　　　　　　　　　□

定理 6.11　$\mathrm{LF}^{(1)}$ 拡大は差分付値型拡大である.

証明　$\mathcal{L}/\mathcal{K}$ を $\mathrm{LF}^{(1)}$ 拡大とし，

$$\mathcal{K} = \mathcal{K}_0 \subset \cdots \subset \mathcal{K}_n = \mathcal{L} = (L, \tau)$$

を定義における可逆差分体の列とする．t_i が K_{i-1} 上代数的なとき，任意の $j \in \mathbb{Z}$ に対して $\tau^j t_i$ は K_{i-1} 上代数的であるから，K_i/K_{i-1} は代数拡大である．t_i が K_{i-1} 上超越的なとき，$\tau t_i = \alpha_i t_i + \beta_i$ をみたす $\alpha_i, \beta_i \in K_{i-1}$ が存在する．$\alpha_i = 0$ なら $\tau t_i \in K_{i-1}$ となってしまうから，$\alpha_i \neq 0$ である．$t_i = (\tau t_i - \beta_i)/\alpha_i \in K_{i-1}(\tau t_i)$ と表せるから，$\mathcal{K}_{i-1}\langle t_i \rangle$ は $K_{i-1}(t_i)$ を基底体とする可逆差分体である．したがって $K_i = K_{i-1}(t_i)$ が成り立つ．$f, g \in K_{i-1}[t_i]$ に対して

$$v(f/g) = \deg g - \deg f$$

と定めると，v は有理関数体 $K_{i-1}(t_i)/K_{i-1}$ の正規離散付値になる．

$$P = \{z \in K_i \mid v(z) > 0\}$$

は $K_{i-1}(t_i)/K_{i-1}$ のプレイスであり，$\deg \tau f = \deg f$ より $v(\tau z) = v(z)$ が成り立つから，$\tau P \subset P$ をみたす．したがって各 K_i/K_{i-1} は差分付値型拡大の条件をみたすことがわかり，定理が証明された． □

次の補題は後の節で用いる．

補題 6.12 $\mathcal{L}/\mathcal{K}$ を差分付値型拡大とし，$p \in \mathbb{Z}_{>0}$ とすると，$\mathcal{L}^{(p)}/\mathcal{K}^{(p)}$ は差分付値型拡大である．

証明 差分体の列

$$\mathcal{K} = \mathcal{K}_0 \subset \cdots \subset \mathcal{K}_n = \mathcal{L} = (L, \tau)$$

を定義におけるものとし，

$$\mathcal{K}^{(p)} = \mathcal{K}_0^{(p)} \subset \cdots \subset \mathcal{K}_n^{(p)} = \mathcal{L}^{(p)} = (L, \tau^p)$$

について考える．K_i/K_{i-1} が条件の (1) をみたすとき，K_i/K_{i-1} は代数拡大であるから，$\mathcal{K}_i^{(p)}/\mathcal{K}_{i-1}^{(p)}$ も (1) をみたす．K_i/K_{i-1} が (2) をみたすとき，K_i/K_{i-1} は 1 変数代数関数体であり，あるプレイス P と $j \in \mathbb{Z}_{>0}$ が存在して $\tau^j P \subset P$ が成り立つ．このとき

$$(\tau^p)^j P = (\tau^j)^p P \subset (\tau^j)^{p-1} P \subset \cdots \subset P$$

が成り立つから，$\mathcal{K}_i^{(p)}/\mathcal{K}_{i-1}^{(p)}$ もやはり (2) をみたす． □

6.3 差分 Riccati 方程式

q-Airy 方程式は 2 階線形 q 差分方程式である．一般に 2 階線形差分方程式は微分の場合と同様に Riccati 化される．

106 第 6 章 差分方程式の非可解性

定義 6.13 $\mathcal{K}$ を差分体とし，$\mathcal{L} = (L, \tau)$ を $\mathcal{K}$ の差分拡大体とする．多項式

$$F(y, y_1, \cdots, y_n) \in K[y, y_1, \cdots, y_n]$$

に対して $f \in L$ が $F(f, \tau f, \cdots, \tau^n f) = 0$ をみたすとき，$f \in \mathcal{L}$ は $\mathcal{K}$ 上の差分方程式 $F = 0$ の**解**であるという．

定義 6.14 $\mathcal{L}/\mathcal{K}$ を差分拡大とし，$f \in \mathcal{L} = (L, \tau)$ が $\mathcal{K}$ 上の 2 階線形差分方程式

$$y_2 + ay_1 + by = 0, \quad a, b \in K \tag{6.1}$$

をみたすとする．これは

$$\tau^2 f + a\tau f + bf = 0$$

が成り立つという意味である．$f \neq 0$ のとき $g = \tau(f)/f$ とおくと，

$$\tau g = \frac{-a\tau f - bf}{\tau f} = \frac{-ag - b}{g}$$

を得る．このようにして 1 階差分方程式

$$y_1 = \frac{-ay - b}{y}$$

を得ることを 2 階線形差分方程式 (6.1) の **Riccati 化**という．

注意 6.15 さらに τ で変換すると

$$\tau^2 g = \frac{-\tau(a)\tau g - \tau b}{\tau g} = \frac{(\tau(a)a - \tau b)g + \tau(a)b}{-ag - b}$$

のように $\tau^2 g$ も g の 1 次分数の形に表せる．これについては，g は $\mathcal{L}$ の元として 2 階差分方程式

$$y_2 = \frac{(\tau(a)a - \tau b)y + \tau(a)b}{-ay - b}$$

をみたすといえるし，$\mathcal{L}^{(2)}$ の元として 1 階差分方程式

$$y_1 = \frac{(\tau(a)a - \tau b)y + \tau(a)b}{-ay - b}$$

をみたすともいえる．

6.3 差分 Riccati 方程式　107

定義 6.16 $\mathcal{K} = (K, \tau)$ を差分体とし,

$$A = \begin{pmatrix} a & b \\ c & d \end{pmatrix} \in \mathrm{M}_2(K)$$

に対して

$$A_i = \begin{pmatrix} a^{(i)} & b^{(i)} \\ c^{(i)} & d^{(i)} \end{pmatrix} = (\tau^{i-1}A)(\tau^{i-2}A)\cdots(\tau A)A \quad (i = 1, 2, \cdots)$$

とおく. このとき $\mathcal{K}$ 上の i 階差分方程式

$$y_i(c^{(i)}y + d^{(i)}) = a^{(i)}y + b^{(i)}$$

を $\mathrm{Eq}(A, i)/\mathcal{K}$ と表す. $(ay+b)/(cy+d)$ が既約な 1 次分数であることと $\det A \neq 0$ は同値である. $\det A \neq 0$ かつ $c \neq 0$ のとき $\mathrm{Eq}(A, 1)/\mathcal{K}$ を**差分 Riccati 方程式**という. また, K の拡大体 L の元 f, g に関する等式

$$f(cg + d) = ag + b$$

を $\mathrm{Eq}(f; A; g)$ と表す.

補題 6.17 L/K を体拡大とし, $A, B \in \mathrm{M}_2(K)$ とする. $f, g, h \in L$ に対して $\mathrm{Eq}(f; A; g)$ と $\mathrm{Eq}(g; B; h)$ が成り立つなら, $\mathrm{Eq}(f; AB; h)$ が成り立つ.

証明
$$A = \begin{pmatrix} a & b \\ c & d \end{pmatrix}, \quad B = \begin{pmatrix} a' & b' \\ c' & d' \end{pmatrix}$$

と表す.

$$f(cg + d) = ag + b, \quad g(c'h + d') = a'h + b'$$

であるから,

$$AB = \begin{pmatrix} aa' + bc' & ab' + bd' \\ ca' + dc' & cb' + dd' \end{pmatrix}$$

より

$$f((ca' + dc')h + cb' + dd') = f(c(a'h + b') + d(c'h + d'))$$
$$= f(cg(c'h + d') + d(c'h + d'))$$
$$= f(cg + d)(c'h + d')$$
$$= (ag + b)(c'h + d')$$
$$= a(a'h + b') + b(c'h + d')$$
$$= (aa' + bc')h + ab' + bd'$$

と計算して $\mathrm{Eq}(f; AB; h)$ を得る. □

補題 6.18 $\mathcal{K} = (K, \tau)$ を差分体とし, $A \in \mathrm{M}_2(K)$ とする.
$$B = A_k = (\tau^{k-1}A)(\tau^{k-2}A) \cdots (\tau A)A$$
に対して
$$B_i = (\tau^{k(i-1)}B)(\tau^{k(i-2)}B) \cdots (\tau^k B)B \quad (i = 1, 2, \cdots)$$
とおくと, $B_i = A_{ki}$ が成り立つ.

証明 i に関する帰納法で示す. $i = 1$ のときはよいから, $i \geq 2$ とし, $i-1$ で成り立つとする. このとき
$$B_i = (\tau^{k(i-1)}A_k)B_{i-1} = (\tau^{ki-1}A)(\tau^{ki-2}A) \cdots (\tau^{k(i-1)}A)A_{k(i-1)} = A_{ki}$$
となる. □

定理 6.19 $\mathcal{L}/\mathcal{K}$ を差分拡大とする. $f \in \mathcal{L}$ が $\mathrm{Eq}(A, k)/\mathcal{K}$ の解なら, $l = 1, 2, \cdots$ に対して $f \in \mathcal{L}$ は $\mathrm{Eq}(A, kl)/\mathcal{K}$ の解である.

証明 $\mathcal{L} = (L, \tau)$ と表す. f は $\mathrm{Eq}(\tau^k f; A_k; f)$ をみたすから, $i = 1, 2, \cdots$ に対して $\mathrm{Eq}(\tau^{ki}f; \tau^{k(i-1)}A_k; \tau^{k(i-1)}f)$ をみたす. 補題 6.18 より
$$(\tau^{k(l-1)}A_k)(\tau^{k(l-2)}A_k) \cdots (\tau^k A_k)A_k = A_{kl}$$
が成り立つから, 補題 6.17 より f は $\mathrm{Eq}(\tau^{kl}f; A_{kl}; f)$ をみたす. これは $f \in \mathcal{L}$ が $\mathrm{Eq}(A, kl)/\mathcal{K}$ の解であることを意味する. □

定理 6.20 $\mathcal{K} = (K, \tau)$ を差分体とし，$A \in \mathrm{M}_2(K)$，$k, l, m \in \mathbb{Z}_{>0}$ とする．さらに $\mathcal{L} = (L, \tau')$ を $\mathcal{K}^{(k)}$ の差分拡大体とし，$f \in L$ とする．このとき次は同値である．

(1) $f \in \mathcal{L}$ が $\mathrm{Eq}(A_k, lm)/\mathcal{K}^{(k)}$ の解である．
(2) $f \in \mathcal{L}^{(l)}$ が $\mathrm{Eq}(A_{kl}, m)/\mathcal{K}^{(kl)}$ の解である．

証明 補題 6.18 より

$$((\tau^k)^{lm-1} A_k) \cdots A_k = A_{klm}$$

と

$$((\tau^{kl})^{m-1} A_{kl}) \cdots A_{kl} = A_{klm}$$

がわかる．したがって (1) と (2) はともに

$$\tau'^{lm}(f)(c^{(klm)} f + d^{(klm)}) = a^{(klm)} f + b^{(klm)}$$

と同値である． $\qquad\qquad\qquad\qquad\qquad\qquad\qquad\qquad\qquad\qquad\square$

例 6.21 $\mathcal{K}$ を差分体とし，$A \in \mathrm{GL}_2(K)$ はある $k \in \mathbb{Z}_{>0}$ に対して $b^{(k)} c^{(k)} = 0$ が成り立つものとする．$\mathcal{U}$ を $\mathcal{K}$ の差分拡大体とし，$f \in \mathcal{U}$ を $\mathrm{Eq}(A, 1)/\mathcal{K}$ の K 上超越的な解とする．このとき $\mathcal{L} = \mathcal{K}\langle f \rangle$ とおくと $\mathcal{L}/\mathcal{K}$ は差分付値型拡大である．これを確かめよう．$\mathcal{L} = (L, \tau)$ と表す．f は

$$\tau f = \frac{af + b}{cf + d}$$

をみたすから $L = K(f)$ であり，よって L/K は有理関数体である．また，定理 6.19 より $f \in \mathcal{U}$ は $\mathrm{Eq}(A, k)/\mathcal{K}$ の解であるから，

$$\tau^k(f)(c^{(k)} f + d^{(k)}) = a^{(k)} f + b^{(k)}$$

が成り立つ．定義より $\det A_k \neq 0$ であることに注意して

$$g = \begin{cases} f & (c^{(k)} = 0), \\ 1/f & (c^{(k)} \neq 0) \end{cases}$$

110 第 6 章 差分方程式の非可解性

とおくと,
$$\tau^k g = \alpha g + \beta, \quad \alpha, \beta \in K, \ \alpha \neq 0$$
と表せる. $L = K(g)$ であるから, $p, q \in K[g]$ に対して
$$v(p/q) = \deg q - \deg p$$
と定めると, v は L/K の正規離散付値になる.
$$P = \{z \in K \mid v(z) > 0\}$$
は L/K のプレイスであり, $\deg \tau^k p = \deg p$ より $v(\tau^k z) = v(z)$ が成り立つから, $\tau^k P \subset P$ を得る. したがって, 定義より $\mathcal{L}/\mathcal{K}$ は差分付値型拡大である.

例 6.22 前の例で
$$A = \begin{pmatrix} a & b \\ 0 & 1 \end{pmatrix} \quad (a \neq 0)$$
とすると,
$$\mathrm{Eq}(A, 1)/\mathcal{K}: \quad y_1 = ay + b$$
の K 上超越的な解 f で生成される差分体 $\mathcal{L} = \mathcal{K}\langle f \rangle$ は $\mathcal{K}$ 上の差分付値型拡大体であることがわかる.

$b^{(i)} c^{(i)}$ が 0 にならないときは差分付値型拡大の中に解をもつだろうか. この場合, 次の定理が成り立つ [23].

定理 6.23 $\mathcal{K}$ を差分体とし, $A \in \mathrm{M}_2(K)$ は $i = 1, 2, \cdots$ に対して $b^{(i)} c^{(i)} \neq 0$ であるものとする. また, $k \in \mathbb{Z}_{>0}$ とする. このとき, $\mathrm{Eq}(A, k)/\mathcal{K}$ がある差分付値型拡大 $\mathcal{N}/\mathcal{K}$ の中に解をもつなら, ある $l \in \mathbb{Z}_{>0}$ が存在して $\mathrm{Eq}(A, kl)/\mathcal{K}$ は $\overline{\mathcal{K}}$ の中に解をもつ. ここで $\overline{\mathcal{K}}$ は $\mathcal{N}$ の代数閉包 $\overline{\mathcal{N}}$ における $\mathcal{K}$ の代数閉包である.

証明の前に補題を 1 つ示しておく.

補題 6.24 $\mathcal{L}/\mathcal{K}$ を差分拡大, $\overline{\mathcal{L}} = (\overline{L}, \tau)$ を $\mathcal{L}$ の代数閉包とし, $\overline{\mathcal{K}}$ を $\overline{\mathcal{L}}$ における $\mathcal{K}$ の代数閉包とする. さらに L/K は 1 変数代数関数体であって, あるプレイス P と $j \in \mathbb{Z}_{>0}$ が存在して $\tau^j P \subset P$ が成り立つものとする. また, $A \in \mathrm{M}_2(K)$ は $i = 1, 2, \cdots$ に対して $b^{(i)} c^{(i)} \neq 0$ であるものとする. このとき, $\mathrm{Eq}(A, 1)/\mathcal{K}$ が $\overline{\mathcal{L}}$ の中に解をもつなら, ある $k \in \mathbb{Z}_{>0}$ が存在して $\mathrm{Eq}(A, k)/\mathcal{K}$ は $\overline{\mathcal{K}}$ の中に解をもつ.

証明 $f \in \overline{L}$ が $\mathrm{Eq}(A, 1)/\mathcal{K}$ の解であるとする. $f \notin \overline{K}$ としてよい. このとき f は $\overline{K}$ 上超越的になる. $c \neq 0$ より f は

$$\tau f = \frac{af + b}{cf + d}$$

をみたすから, $\mathcal{M} = \mathcal{L}\langle f \rangle$ とおくと $M = L(f)$ である. f は L 上代数的であるから, $M\overline{K}/\overline{K}$ は 1 変数代数関数体であり, $L/\tilde{K}$ の代数拡大である. ここで $\tilde{K}$ は L における K の代数閉包である.

Step 1 : $M\overline{K}/\overline{K}$ に対してプレイス $P \in \mathbb{P}_L$ の拡張 P' と $k \in \mathbb{Z}_{>0}$ が存在して $\tau^k P' \subset P'$ が成り立つことを示す. $P_1, \cdots, P_n$ $(n \geq 1)$ を $P \in \mathbb{P}_L$ の $M\overline{K}/\overline{K}$ への拡張すべてとする. $v_i = v_{P_i}|_{\tau^j(M\overline{K})}$ とおくと, v_i は 1 変数代数関数体 $\tau^j(M\overline{K})/\tau^j \overline{K}$ の離散付値になる. 実際, $t \in L$ を P の素元とすると, $\tau^j t \in \tau^j P \subset P \subset P_i$ より $v_i(\tau^j t) = v_{P_i}(\tau^j t) > 0$ となるから, $v_i(z) \neq 0$ である $z \in \tau^j(M\overline{K})^\times$ が存在する. 次に $\check{P}_i = P_i \cap \tau^j(M\overline{K})$ とおくと,

$$\check{P}_i = \{z \in \tau^j(M\overline{K}) \mid v_i(z) > 0\}$$

であるから, これは $\tau^j(M\overline{K})/\tau^j\overline{K}$ のプレイスになる. また,

$$\tau^j P \subset P \cap \tau^j L \subset P_i \cap \tau^j(M\overline{K}) = \check{P}_i$$

が成り立つ. したがって定義より $\check{P}_i$ は $\tau^j P \in \mathbb{P}_{\tau^j L}$ の拡張である. $\tau^j P_1, \cdots, \tau^j P_n$ は $\tau^j P \in \mathbb{P}_{\tau^j L}$ の $\tau^j(M\overline{K})/\tau^j\overline{K}$ への拡張すべてであるから,

$$\check{P}_1 = \tau^j P_{l_1}, \quad \check{P}_{l_1} = \tau^j P_{l_2}, \cdots \quad (1 \leq l_i \leq n)$$

をみたす数列 $\{l_i\}$ が存在する. $l_0 = 1$ とおく. $\tau^j P_{l_i} = \check{P}_{l_{i-1}} \subset P_{l_{i-1}}$ $(i > 0)$ が成り立つから, $l_m = l_{m'}$ $(m < m')$ となる $m, m' \in \mathbb{Z}_{\geq 0}$ をとると,

$$\tau^{(m'-m)j}P_{l_{m'}} \subset \tau^{(m'-m-1)j}P_{l_{m'-1}} \subset \cdots \subset P_{l_m} = P_{l_{m'}}$$

を得る.

Step 2 : Step 1 の $P' \in \mathbb{P}_{M\overline{K}}$ と $k \in \mathbb{Z}_{>0}$ をとる. 補題 6.10 より $\tau^k \mathcal{O}_{P'} \subset \mathcal{O}_{P'}$ が成り立つ.

Step 3 : t を P' の素元とし, $e = v_{P'}(\tau^k t) \geq 1$ とおく. 任意の $x \in M\overline{K}$ に対して $v_{P'}(\tau^k x) = e v_{P'}(x)$ であることを示そう. ここでは $x \neq 0$ としてよい. すると, $x = t^n u$ $(n \in \mathbb{Z}, u \in \mathcal{O}_{P'}^{\times})$ と表せる. $u, u^{-1} \in \mathcal{O}_{P'}$ より $\tau^k u, (\tau^k u)^{-1} \in \tau^k \mathcal{O}_{P'} \subset \mathcal{O}_{P'}$ であり, よって $\tau^k u \in \mathcal{O}_{P'}^{\times}$ である. したがって

$$v_{P'}(\tau^k x) = v_{P'}((\tau^k t)^n \tau^k u) = n v_{P'}(\tau^k t) + v_{P'}(\tau^k u)$$
$$= en + 0 = e v_{P'}(x)$$

がわかる.

Step 4 : 定理 3.40 より $M\overline{K}$ から $\overline{K}((t))$ の中への $\overline{K}(t)$ 同型 ϕ であって $v_{P'}(z) = \mathrm{ord}\,\phi(z)$ が成り立つものが存在する.

$$\phi(\tau^k t) = \sum_{i=e}^{\infty} r_i t^i, \quad r_i \in \overline{K}, \, r_e \neq 0$$

と表せる. $\overline{K}((t))$ の変換作用素 σ を

$$\sigma\left(\sum_{i=0}^{\infty} \alpha_i t^i\right) = \sum_{i=0}^{\infty} \tau^k(\alpha_i) \left(\sum_{l=e}^{\infty} r_l t^l\right)^i$$

により定めると, $\phi \circ \tau^k|_{M\overline{K}} = \sigma \circ \phi$ が成り立つ. 実際, $z \in \mathcal{O}_{P'}$ に対して $\phi(z) = \sum_{i=0}^{\infty} \alpha_i t^i$ と表すと,

$$\phi\left(z - \sum_{i=0}^{m-1} \alpha_i t^i\right) = \sum_{i=m}^{\infty} \alpha_i t^i$$

となるから,

$$v_{P'}\left(z - \sum_{i=0}^{m-1} \alpha_i t^i\right) = \mathrm{ord}\sum_{i=m}^{\infty} \alpha_i t^i \geq m$$

である. Step 3 より $v_{P'}(\tau^k(z - \sum_{i=0}^{m-1} \alpha_i t^i)) \geq em$ がわかり, よって

$$\mathrm{ord}\left(\phi \circ \tau^k(z) - \sum_{i=0}^{m-1} \tau^k(\alpha_i) \left(\sum_{l=e}^{\infty} r_l t^l\right)^i\right) \geq em$$

を得る．したがって $\phi \circ \tau^k(z)$ と $\sum_{i=0}^{\infty} \tau^k(\alpha_i)(\sum_{l=e}^{\infty} r_l t^l)^i$ の $em-1$ 次までの係数
は一致する．m は任意であったから，

$$\phi \circ \tau^k(z) = \sum_{i=0}^{\infty} \tau^k(\alpha_i) \left(\sum_{l=e}^{\infty} r_l t^l\right)^i = \sigma\left(\sum_{i=0}^{\infty} \alpha_i t^i\right) = \sigma \circ \phi(z)$$

が成り立つ．$z \in M\overline{K}$ が $z \notin \mathcal{O}_{P'}$ であるなら，$z^{-1} \in \mathcal{O}_{P'}$ であるから，

$$\phi \circ \tau^k(z) = (\phi \circ \tau^k(z^{-1}))^{-1} = (\sigma \circ \phi(z^{-1}))^{-1} = \sigma \circ \phi(z)$$

が成り立つ．

Step 5 : $f \in \overline{\mathcal{L}}$ は $\mathrm{Eq}(A,1)/\mathcal{K}$ の解であるから，$\mathrm{Eq}(A,k)/\mathcal{K}$ の解でもあり，
よって

$$\tau^k(f)(c^{(k)}f + d^{(k)}) = a^{(k)}f + b^{(k)} \tag{6.2}$$

をみたす．もし $v_{P'}(f) < 0$ であれば $v_{P'}(\tau^k f) = e v_{P'}(f) < 0$ となるが，等式
(6.2) の付値をみると

$$e v_{P'}(f) + v_{P'}(f) \geq v_{P'}(f)$$

となり矛盾．ここで $b^{(k)}c^{(k)} \neq 0$ を用いた．したがって $v_{P'}(f) \geq 0$ である．

$$\phi(f) = \sum_{i=0}^{\infty} h_i t^i, \quad h_i \in \overline{K}$$

と表すと，

$$\phi(\tau^k f) = \sigma \circ \phi(f) = \sum_{i=0}^{\infty} \tau^k(h_i) \left(\sum_{l=e}^{\infty} r_l t^l\right)^i$$

であるから，等式 (6.2) から得られる

$$\phi(\tau^k f)(c^{(k)}\phi(f) + d^{(k)}) = a^{(k)}\phi(f) + b^{(k)}$$

の t^0 の係数を比較すると

$$\tau^k(h_0)(c^{(k)}h_0 + d^{(k)}) = a^{(k)}h_0 + b^{(k)}$$

を得る．これは $h_0 \in \overline{K}$ が $\mathrm{Eq}(A,k)/\mathcal{K}$ の解であることを意味する． $\square$

114 第 6 章 差分方程式の非可解性

定理の証明 $\mathcal{N} = (\overline{N}, \tau)$ と表す. N/K の超越次数に関する帰納法で示す. $\mathrm{tr.\,deg}\,N/K = 0$ のときは $N \subset \overline{K}$ であるから定理の主張が成り立つ. $\mathrm{tr.\,deg}\,N/K \geq 1$ とし,より小さい超越次数なら定理が成り立つとする. 差分体の列

$$\mathcal{K} = \mathcal{K}_0 \subset \cdots \subset \mathcal{K}_n = \mathcal{N}$$

を差分付値型拡大の定義におけるものとする. N/K が超越拡大であるため,定義の条件 (2) をみたす $\mathcal{K}_m/\mathcal{K}_{m-1}$ が存在する. m を最大にとり,$\tau^j P \subset P$ をみたすプレイス $P \in \mathbb{P}_{K_m}$ と $j \in \mathbb{Z}_{>0}$ をとる. このとき $(\tau^k)^j P = (\tau^j)^k P \subset P$ が成り立つ. また,N/K_m は代数拡大であるから,$\overline{\mathcal{N}}$ は $\mathcal{K}_m$ の代数閉包でもある. $\mathrm{Eq}(A, k)/\mathcal{K}$ が $\mathcal{N}$ の中に解をもつから,定理 6.20 より $\mathrm{Eq}(A_k, 1)/\mathcal{K}^{(k)}$ は $\mathcal{N}^{(k)}$ の中に解をもつ. $\mathcal{K}_m^{(k)}/\mathcal{K}_{m-1}^{(k)}$ に対して補題 6.24 を用いると,補題 6.18 より,ある $l_0 \in \mathbb{Z}_{>0}$ が存在して $\mathrm{Eq}(A_k, l_0)/\mathcal{K}^{(k)}$ は $\overline{\mathcal{K}}_{m-1}^{(k)}$ の中に解をもつ. ここで $\overline{\mathcal{K}}_{m-1}$ は $\mathcal{K}_{m-1}$ の $\overline{\mathcal{N}}$ における代数閉包である. 再び定理 6.20 より,$\mathrm{Eq}(A, kl_0)/\mathcal{K}$ は $\overline{\mathcal{K}}_{m-1}$ の中に解をもつことがわかる. $\overline{\mathcal{K}}_{m-1}/\mathcal{K}$ は差分付値型拡大であり,超越次数は $\mathcal{N}/\mathcal{K}$ より小さいから,帰納法の仮定より,ある $l_1 \in \mathbb{Z}_{>0}$ が存在して $\mathrm{Eq}(A, kl_0 l_1)/\mathcal{K}$ は $\overline{K}$ の中に解をもつ. □

注意 6.25 $A \in \mathrm{GL}_2(K)$ かつ $b^{(i)} c^{(i)} \neq 0$ $(i = 1, 2, \cdots)$ の場合に,$\mathrm{Eq}(A, k)/\mathcal{K}$ が $\overline{K}$ の中に解 g をもったとする. このとき,$\mathrm{Eq}(A, 1)/\mathcal{K}$ が $\mathcal{K}_1 = \mathcal{K}\langle g \rangle$ の差分拡大体 $\mathcal{U} = (U, \tau)$ の中に K 上超越的な解 f をもてば,$f \in \mathcal{U}$ は $\mathrm{Eq}(A, k)/\mathcal{K}$ の解であるから,計算により

$$
\begin{aligned}
\tau^k(f - g) &= \frac{a^{(k)} f + b^{(k)}}{c^{(k)} f + d^{(k)}} - \frac{a^{(k)} g + b^{(k)}}{c^{(k)} g + d^{(k)}} \\
&= \frac{(a^{(k)} f + b^{(k)})(c^{(k)} g + d^{(k)}) - (c^{(k)} f + d^{(k)})(a^{(k)} g + b^{(k)})}{(c^{(k)} f + d^{(k)})(c^{(k)} g + d^{(k)})} \\
&= \frac{(a^{(k)} d^{(k)} - b^{(k)} c^{(k)}) f - (a^{(k)} d^{(k)} - b^{(k)} c^{(k)}) g}{c^{(k)}(c^{(k)} g + d^{(k)}) f + d^{(k)}(c^{(k)} g + d^{(k)})} \\
&= \frac{f - g}{\alpha(f - g) + \beta}, \quad \alpha, \beta \in K(g)^{\times}
\end{aligned}
$$

と表せることがわかる. 逆元をとれば τ^k に関する 1 階線形差分方程式

$$\tau^k\left(\frac{1}{f-g}\right) = \frac{\beta}{f-g} + \alpha$$

が現れる. また,

$$\tau(f-g) = \frac{af+b}{cf+d} - \tau g = \frac{(a-c\tau g)f + b - d\tau g}{cf+d}$$

$$= \frac{(a-c\tau g)(f-g) + (a-c\tau g)g + b - d\tau g}{c(f-g) + cg + d}$$

より,

$$A' = \begin{pmatrix} a - c\tau g & (a-c\tau g)g + b - d\tau g \\ c & cg + d \end{pmatrix} \in \mathrm{M}_2(K_1),$$

$$A'_i = \begin{pmatrix} a'^{(i)} & b'^{(i)} \\ c'^{(i)} & d'^{(i)} \end{pmatrix} = (\tau^{i-1}A')(\tau^{i-2}A') \cdots (\tau A')A'$$

と定めると, $f - g \in \mathcal{U}$ は $\mathrm{Eq}(A',1)/\mathcal{K}_1$ の K_1 上超越的な解である. ここで $\det A' = ad - bc \neq 0$ が成り立つ. $f - g \in \mathcal{U}$ は $\mathrm{Eq}(A',k)/\mathcal{K}_1$ の解になるから,

$$\tau^k(f-g) = \frac{a'^{(k)}(f-g) + b'^{(k)}}{c'^{(k)}(f-g) + d'^{(k)}}$$

が成り立ち, 上の結果とあわせると $b'^{(k)} = 0$ がわかる. したがって例 6.21 より $\mathcal{L} = \mathcal{K}_1\langle f - g \rangle = \mathcal{K}_1\langle f \rangle$ とおくと $\mathcal{L}/\mathcal{K}_1$ は差分付値型拡大である. さらに K_1/K は代数拡大であるから, $\mathcal{L}/\mathcal{K}$ も差分付値型拡大である.

6.4 2 階線形差分方程式

前節の結果を用いて, 2 階線形差分方程式の非可解性について考えよう [19, 23]. $\mathcal{K} = (K, \tau_K)$ を差分体,

$$A = \begin{pmatrix} a & b \\ c & d \end{pmatrix} \in \mathrm{GL}_2(K)$$

とし, $i = 1, 2, \cdots$ に対して

$$A_i = \begin{pmatrix} a^{(i)} & b^{(i)} \\ c^{(i)} & d^{(i)} \end{pmatrix} = (\tau_K^{i-1}A)(\tau_K^{i-2}A) \cdots (\tau_K A)A$$

116 第 6 章 差分方程式の非可解性

とおく. 本節では $b^{(i)}c^{(i)} \neq 0$ $(i = 1, 2, \cdots)$ が成り立つとする.

定義 6.26 $\mathcal{M} = (M, \tau)$ を $\mathcal{K}$ の差分拡大体とし, $R = M[Y, Z]$ を多項式環とする. このとき準同型 $T_{\mathcal{M}} \colon R \to R$ を $T_{\mathcal{M}}|_M = \tau$ および

$$\begin{pmatrix} T_{\mathcal{M}}Y \\ T_{\mathcal{M}}Z \end{pmatrix} = A \begin{pmatrix} Y \\ Z \end{pmatrix}$$

により定める. $\det A \neq 0$ であるから $M[T_{\mathcal{M}}Y, T_{\mathcal{M}}Z] = M[Y, Z]$ が成り立つ. したがって $T_{\mathcal{M}}Y, T_{\mathcal{M}}Z$ は M 上代数的独立であり, $T_{\mathcal{M}}$ は単射であることがわかる. さらに $\det A_i \neq 0$ であるから,

$$\begin{pmatrix} T_{\mathcal{M}}^i Y \\ T_{\mathcal{M}}^i Z \end{pmatrix} = A_i \begin{pmatrix} Y \\ Z \end{pmatrix} \quad (i = 1, 2, \cdots) \tag{6.3}$$

より $T_{\mathcal{M}}^i Y, T_{\mathcal{M}}^i Z$ は M 上代数的独立である.

補題 6.27 $\mathcal{M} = (M, \tau)$ を $\mathcal{K}$ の差分拡大体, $R = M[Y, Z]$ を多項式環とし, $P \in R \setminus M$ は

$$T_{\mathcal{M}}P = \omega P, \quad \omega \in M^{\times}$$

をみたすものとする. このとき, ある $k \in \mathbb{Z}_{>0}$ に対して $\mathcal{M}^{(k)}$ の差分拡大体 $\mathcal{L} = (L, \tau')$ と $(f, g) \in L^2 \setminus \{0\}$ が存在して

$$\begin{pmatrix} \tau'f \\ \tau'g \end{pmatrix} = A_k \begin{pmatrix} f \\ g \end{pmatrix}, \quad P(f, g) = 0$$

が成り立つ.

証明 $T_{\mathcal{M}}$ を T と略記する. P を既約多項式の積 $P = P_1^{r_1} \cdots P_n^{r_n}$ に分解すると,

$$\omega P = TP = (TP_1)^{r_1} \cdots (TP_n)^{r_n}$$

が成り立つ. ここで TY, TZ が M 上代数的独立であることから,

$$TP_i \in M[TY, TZ] \setminus M = M[Y, Z] \setminus M$$

がわかる．したがって，分解の一意性より $TP_1, \cdots, TP_n$ は P の既約因子である．このことから，ある $k \in \mathbb{Z}_{>0}$ に対して $T^k P_1 = \omega_1 P_1$，$\omega_1 \in M^\times$ となることがわかる．L を整域 $R/(P_1)$ の商体とする．L は M の拡大体である．さらに $\tau' : R/(P_1) \to R/(P_1)$ を $\overline{Q} \mapsto \overline{T^k Q}$ で定まる準同型とする．τ' が単射であることを示そう．$T^k Q \in (P_1)$ とすると，$T^k Q = D P_1$，$D \in R$ と表せる．$T^k P_1 = \omega_1 P_1$ より

$$\omega_1 T^k Q = D T^k P_1 \tag{6.4}$$

であり，よって

$$\omega_1^{-1} D = \frac{T^k Q}{T^k P_1} \in (\tau^k M)(T^k Y, T^k Z)$$

が成り立つ．一方，

$$\omega_1^{-1} D \in R = M[Y, Z] = M[T^k Y, T^k Z]$$

でもあるから，$\omega_1^{-1} D \in (\tau^k M)[T^k Y, T^k Z]$ がわかる．したがって $T^k E = \omega_1^{-1} D$ となる $E \in R$ が存在する．等式 (6.4) から計算により

$$T^k Q = \omega_1^{-1} D T^k P_1 = (T^k E)(T^k P_1) = T^k(E P_1),$$

$$Q = E P_1 \in (P_1)$$

を得る．以上により τ' が単射であることが示された．

τ' を L に拡張すると，$\mathcal{L} = (L, \tau')$ は $\mathcal{M}^{(k)}$ の差分拡大体になる．$\overline{Y}, \overline{Z} \in L$ に注意する．$\overline{P_1} = 0$ であるから，

$$P(\overline{Y}, \overline{Z}) = \overline{P(Y, Z)} = \overline{P_1}^{r_1} \cdots \overline{P_n}^{r_n} = 0$$

が成り立つ．また，等式 (6.3) より

$$\begin{pmatrix} \tau' \overline{Y} \\ \tau' \overline{Z} \end{pmatrix} = \begin{pmatrix} \overline{T^k Y} \\ \overline{T^k Z} \end{pmatrix} = A_k \begin{pmatrix} \overline{Y} \\ \overline{Z} \end{pmatrix}$$

を得る．最後に，$(\overline{Y}, \overline{Z}) = 0$ と仮定すると，$P_1 \mid Y$ かつ $P_1 \mid Z$ となり，これは $P_1 \notin M$ に反するから，$(\overline{Y}, \overline{Z}) \neq 0$ であることがわかる． $\square$

118 第 6 章 差分方程式の非可解性

定理 6.28 $i = 1, 2, \cdots$ に対して $\mathrm{Eq}(A_i, 1)/\mathcal{K}^{(i)}$ はどんな差分拡大 $\mathcal{L}/\mathcal{K}^{(i)}$ の中にも K 上代数的な解をもたないとする. また, $\mathcal{U} = (U, \tau)$ を $\mathcal{K}$ の差分拡大体とし, $(f, g) \in U^2 \setminus \{0\}$ が

$$\begin{pmatrix} \tau f \\ \tau g \end{pmatrix} = A \begin{pmatrix} f \\ g \end{pmatrix}$$

をみたすとする. このとき, $\mathcal{N}/\mathcal{K}$ を $\mathcal{U}$ の中の差分付値型拡大とすると, f, g は N 上代数的独立である.

証明 f, g が N 上代数的従属であると仮定し, 矛盾を導く.

$$\begin{pmatrix} \tau f \\ \tau g \end{pmatrix} = \begin{pmatrix} a & b \\ c & d \end{pmatrix} \begin{pmatrix} f \\ g \end{pmatrix}, \quad b \neq 0, \ c \neq 0$$

が成り立つから, $f \neq 0$ かつ $g \neq 0$ である.

(i) まず f と g がともに N 上代数的な場合, $h = f/g$ とおくと,

$$\tau h = \frac{\tau f}{\tau g} = \frac{af + bg}{cf + dg} = \frac{ah + b}{ch + d}$$

を得る. これは $h \in \mathcal{U}$ が $\mathrm{Eq}(A, 1)/\mathcal{K}$ の N 上代数的な解であることを意味する. $\mathcal{N}\langle h \rangle/\mathcal{K}$ は差分付値型拡大であるから, 定理 6.23 より, ある $k \in \mathbb{Z}_{>0}$ が存在して $\mathrm{Eq}(A, k)/\mathcal{K}$ は $\overline{\mathcal{K}}$ の中に解をもつ. ここで $\overline{\mathcal{K}}$ は $\mathcal{N}\langle h \rangle$ の代数閉包における $\mathcal{K}$ の代数閉包である. したがって定理 6.20 より $\mathrm{Eq}(A_k, 1)/\mathcal{K}^{(k)}$ は $\overline{\mathcal{K}}^{(k)}$ の中に解をもつ. これは定理の仮定に反する.

(ii) 次に $\mathrm{tr. deg}\, N(f, g)/N = 1$ の場合を考える. このとき $P(f, g) = 0$ となる既約多項式 $P \in N[Y, Z] \setminus \{0\}$ が存在する. $T_\mathcal{N} P$ は

$$(T_\mathcal{N} P)(f, g) = (P^\tau(aY + bZ, cY + dZ))(f, g)$$
$$= P^\tau(af + bg, cf + dg) = P^\tau(\tau f, \tau g)$$
$$= \tau(P(f, g)) = 0$$

をみたすから[3], $P \mid T_\mathcal{N} P$ が成り立つ. $T_\mathcal{N}$ の定義より $\deg T_\mathcal{N} P \leq \deg P$ であ

---

[3] P^τ については例 3.8 をみよ.

るから，$T_N P = \omega P$，$\omega \in N^\times$ と表せる．F を P の最高次の項のみ集めた多項式とする．$T_N F = \omega F$ が成り立つから，補題より，ある $k \in \mathbb{Z}_{>0}$ に対して $\mathcal{N}^{(k)}$ の差分拡大体 $\mathcal{L} = (L, \tau')$ と $(\hat{f}, \hat{g}) \in L^2 \setminus \{0\}$ が存在して

$$\begin{pmatrix} \tau' \hat{f} \\ \tau' \hat{g} \end{pmatrix} = A_k \begin{pmatrix} \hat{f} \\ \hat{g} \end{pmatrix}, \quad F(\hat{f}, \hat{g}) = 0$$

が成り立つ．F は斉次であり，$c^{(k)} \neq 0$ より $\hat{g} \neq 0$ であるから，$F(\hat{f}/\hat{g}, 1) = 0$ を得る．$h = \hat{f}/\hat{g}$ とおくと，h は N 上代数的であり，

$$\tau' h = \frac{\tau' \hat{f}}{\tau' \hat{g}} = \frac{a^{(k)} \hat{f} + b^{(k)} \hat{g}}{c^{(k)} \hat{f} + d^{(k)} \hat{g}} = \frac{a^{(k)} h + b^{(k)}}{c^{(k)} h + d^{(k)}}$$

をみたす．これは $h \in \mathcal{L}$ が $\mathrm{Eq}(A_k, 1)/\mathcal{K}^{(k)}$ の解であることを意味する．補題 6.12 より $\mathcal{N}^{(k)}/\mathcal{K}^{(k)}$ は差分付値型拡大であるから，$\mathcal{N}^{(k)}\langle h \rangle_{\mathcal{L}}/\mathcal{K}^{(k)}$ も差分付値型拡大である．したがって定理 6.23 より，ある $l \in \mathbb{Z}_{>0}$ が存在して $\mathrm{Eq}(A_k, l)/\mathcal{K}^{(k)}$ は $\mathcal{M} = \overline{\mathcal{K}^{(k)}}$ の中に解をもつ．ここで $\overline{\mathcal{K}^{(k)}}$ は $\mathcal{N}^{(k)}\langle h \rangle_{\mathcal{L}}$ の代数閉包における $\mathcal{K}^{(k)}$ の代数閉包である．定理 6.20 より，$\mathrm{Eq}(A_{kl}, 1)/\mathcal{K}^{(kl)}$ は $\mathcal{M}^{(l)}$ の中に解をもつが，$M = \overline{K}$ であるから定理の仮定に反する．$\qquad\square$

系 6.29 定理と同じ仮定のもと，$\mathcal{N}/\mathcal{K}$ を $\mathcal{U}$ の中の差分拡大であって，$\mathcal{N}$ が可逆であり，$\mathcal{N}/\mathcal{K}^*$ が $\mathrm{LF}^{(p)}$ 拡大であるものとする．ここで $\mathcal{K}^*$ は $\mathcal{K}$ の $\mathcal{N}$ における可逆閉包とする．このとき f, g は N 上代数的独立である．

証明 $\mathcal{N}^{(p)}/\mathcal{K}^{*(p)}$ は $\mathrm{LF}^{(1)}$ 拡大であるから，定理 6.11 より差分付値型拡大である．

$$B = A_p,$$
$$B_i = (\tau^{p(i-1)} B)(\tau^{p(i-2)} B) \cdots (\tau^p B) B \quad (i = 1, 2, \cdots)$$

とおくと，補題 6.18 より $B_i = A_{pi}$ が成り立つ．

まず $i = 1, 2, \cdots$ に対して $\mathrm{Eq}(B_i, 1)/\mathcal{K}^{*(pi)}$ がどんな差分拡大 $\mathcal{L}/\mathcal{K}^{*(pi)}$ の中にも K^* 上代数的な解をもたないことを背理法で示そう．ある $k \in \mathbb{Z}_{>0}$ に対して $\mathrm{Eq}(B_k, 1)/\mathcal{K}^{*(pk)}$ が差分拡大 $\mathcal{L}/\mathcal{K}^{*(pk)}$ の中に K^* 上代数的な解 h をもつ

と仮定する. $\mathcal{L} = (L, \tau')$ と表す. $P \in K^*[X]$ を h の K^* 上の最小多項式とすると, $P^{\tau^{pkl}} \in K[X]$ となる $l \in \mathbb{Z}_{>0}$ が存在する. $P^{\tau^{pkl}}(\tau'^l h) = 0$ より $\tau'^l h$ は K 上代数的である. 定理 6.19 より $h \in \mathcal{L}$ は $\mathrm{Eq}(B_k, l)/\mathcal{K}^{*(pk)}$ の解であるから, 定理 6.20 より $h \in \mathcal{L}^{(l)}$ は $\mathrm{Eq}(B_{kl}, 1)/\mathcal{K}^{*(pkl)}$ の解である. $B_{kl} = A_{pkl}$ より

$$\tau'^l(h)(c^{(pkl)}h + d^{(pkl)}) = a^{(pkl)}h + b^{(pkl)}$$

が成り立つから,

$$h = \frac{-d^{(pkl)}\tau'^l h + b^{(pkl)}}{c^{(pkl)}\tau'^l h - a^{(pkl)}} \in K(\tau'^l h)$$

を得る. したがって h は K 上代数的であるが, これは $\mathrm{Eq}(A_{pk}, 1)/\mathcal{K}^{(pk)}$ が差分拡大 $\mathcal{L}/\mathcal{K}^{(pk)}$ の中に K 上代数的な解をもつことを意味し, 矛盾.

次に,

$$\begin{pmatrix} \tau f \\ \tau g \end{pmatrix} = A \begin{pmatrix} f \\ g \end{pmatrix}$$

より

$$\begin{pmatrix} \tau^i f \\ \tau^i g \end{pmatrix} = A_i \begin{pmatrix} f \\ g \end{pmatrix} \quad (i = 1, 2, \cdots)$$

が帰納的にわかるから, 特に

$$\begin{pmatrix} \tau^p f \\ \tau^p g \end{pmatrix} = B \begin{pmatrix} f \\ g \end{pmatrix}$$

を得る. これを $\mathcal{U}^{(p)}$ における等式ととらえれば, 定理より f, g は N 上代数的独立であることがわかる. □

6.5 q-Airy 方程式の非可解性

2 階線形 q 差分方程式

$$y(q^2 t) + qty(qt) - y(t) = 0$$

を q-**Airy 方程式**という. まず有理型関数解をみつけよう. なお, Airy 方程式との関係については濱本, 梶原, Witte [8] に詳しい.

$$y(t) = z(t) + a \quad (a \in \mathbb{C}^\times)$$

とすると,

$$z(q^2 t) + qt(z(qt) + a) - z(t) = 0$$

となり, さらに $\varphi_1(t) = t$, $\varphi_2(t) = z(t)$, $\varphi_3(t) = z(qt)$ とおくと,

$$
\begin{cases}
\varphi_1(qt) = q\varphi_1(t), \\
\varphi_2(qt) = \varphi_3(t), \\
\varphi_3(qt) = \varphi_2(t) - q\varphi_1(t)(\varphi_3(t) + a)
\end{cases}
\tag{6.5}
$$

となる. $|q| > 1$ のとき, これは Poincaré の乗法公式である. 実際, 連立方程式 (6.5) に関する行列

$$
B = \begin{pmatrix} q & 0 & 0 \\ 0 & 0 & 1 \\ -qa & 1 & 0 \end{pmatrix}
$$

の固有値は $q, -1, 1$ である.

$$
(B - qE) \begin{pmatrix} \alpha_{11} \\ \alpha_{21} \\ \alpha_{31} \end{pmatrix} = \begin{pmatrix} 0 & 0 & 0 \\ 0 & -q & 1 \\ -qa & 1 & -q \end{pmatrix} \begin{pmatrix} \alpha_{11} \\ \alpha_{21} \\ \alpha_{31} \end{pmatrix} = O
$$

の解として $\alpha_{11} = 1$, $\alpha_{21} = -qa/(q^2 - 1)$, $\alpha_{31} = -q^2 a/(q^2 - 1)$ をとることができるから, 連立方程式 (6.5) には非自明な $\mathbb{C}$ 上の有理型関数解

$$
\begin{cases}
\varphi_1(t) = t \quad (\varphi_1(qt) = q\varphi_1(t) \text{ より}), \\
\varphi_2(t) = -\dfrac{qa}{q^2 - 1} t + \cdots, \\
\varphi_3(t) = -\dfrac{q^2 a}{q^2 - 1} t + \cdots
\end{cases}
$$

が存在する. $y = \varphi_2(t) + a$ は q-Airy 方程式の非自明な $\mathbb{C}$ 上の有理型関数解である.

122 第 6 章 差分方程式の非可解性

本題の非可解性に入る前に，補題を 1 つ示しておく．

補題 6.30 C を代数閉体とする．形式的ベキ級数体 $C((X))$ において

$$C(X) \cap C((X^n)) = C(X^n)$$

が成り立つ．ただし $C((X^n)) = \{ \sum_{i=m}^{\infty} a_i X^{in} \mid m \in \mathbb{Z} \}$ とする．

証明 $\supset$ は明らかであるから，$\subset$ を示す．$\zeta \in C$ を 1 の原始 n 乗根とする．$\sigma \colon C((X)) \to C((X))$ を

$$\sum_i a_i X^i \mapsto \sum_i a_i (\zeta X)^i = \sum_i \zeta^i a_i X^i$$

により定めると，σ は $C((X))$ から $C((X))$ の上への同型写像である．$\tau = \sigma|_{C(X)}$ とおくと，$0 \leq k \leq n-1$ に対して $\tau^k X = \zeta^k X$ であり，$\tau^k(X^n) = (\zeta^k X)^n = X^n$ が成り立つ．したがって $[C(X) : C(X^n)] = n$ より

$$\mathrm{Gal}(C(X)/C(X^n)) = \{\mathrm{id}, \tau, \tau^2, \cdots, \tau^{n-1}\}$$

がわかる．$f \in C(X) \cap C((X^n))$ とし，$f = \sum_i a_i X^{in}$ と表す．

$$\tau f = \sigma f = \sum_i a_i (\zeta X)^{in} = \sum_i a_i X^{in} = f$$

であるから，$\tau^k f = f \; (0 \leq k \leq n-1)$ である．したがって $f \in C(X^n)$ を得る．
□

系 6.29 を用いて非可解性を調べるためには，まず Riccati 化を行い，さらにそれを反復して得られる方程式に対して解の超越性を明らかにする必要がある．順を追って証明していこう．

C を代数閉体，$C(t)$ を C 上の有理関数体とし，$q \in C^\times$ とする．$\mathcal{K} = (C(t), \tau_q \colon f(t) \mapsto f(qt))$ と定める．q-Airy 方程式

$$y_2 + qt y_1 - y = 0 \tag{6.6}$$

を Riccati 化すると

$$y_1 y = -qt y + 1 \tag{6.7}$$

を得る．まず，これが有理関数解をもたないことを示す．

6.5 q-Airy 方程式の非可解性   123

補題 6.31 方程式 (6.7) は $\mathcal{K}$ の中に解をもたない.

証明 $\mathcal{K}$ の中に解 f をもつと仮定し,矛盾を導く. $f \in C(t)$ であるから,

$$f = \frac{P}{Q}, \quad P, Q \in C[t] \setminus \{0\}$$

と表せる. ここで P, Q は互いに素とする. 方程式 (6.7) より

$$\frac{P(qt)}{Q(qt)} \cdot \frac{P(t)}{Q(t)} = -qt\frac{P(t)}{Q(t)} + 1$$

であり,よって

$$P(qt)P(t) = -qtP(t)Q(qt) + Q(qt)Q(t)$$

を得る. この等式から $P(t) \mid Q(qt)$ および $Q(qt) \mid P(t)$ がわかる. したがって $\deg P = \deg Q$ が成り立つ. しかし,上の等式の次数を比較すると

$$2\deg P = 2\deg P + 1$$

となり矛盾. $\qquad\qquad\qquad\qquad\qquad\qquad\qquad\qquad\qquad\qquad\qquad\square$

$\mathcal{K}$ 上の Riccati 方程式 (6.7) に対して

$$A = \begin{pmatrix} -qt & 1 \\ 1 & 0 \end{pmatrix} \in \mathrm{GL}_2(C(t)),$$

$$A_i = \begin{pmatrix} a^{(i)} & b^{(i)} \\ c^{(i)} & d^{(i)} \end{pmatrix} = (\tau_q^{i-1}A)(\tau_q^{i-2}A)\cdots(\tau_q A)A \quad (i = 1, 2, \cdots)$$

と定める. このとき

$$A_2 = (\tau_q A)A = \begin{pmatrix} -q^2t & 1 \\ 1 & 0 \end{pmatrix}\begin{pmatrix} -qt & 1 \\ 1 & 0 \end{pmatrix} = \begin{pmatrix} q^3t^2+1 & -q^2t \\ -qt & 1 \end{pmatrix}$$

であり,$i \geq 2$ に対しては $\tau_q a^{(i-1)} = a_1^{(i-1)}$ などと略記して[4],

---

[4] 変換の定義を参照せよ.

124　第 6 章　差分方程式の非可解性

$$A_i = (\tau_q A_{i-1})A = \begin{pmatrix} a_1^{(i-1)} & b_1^{(i-1)} \\ c_1^{(i-1)} & d_1^{(i-1)} \end{pmatrix} \begin{pmatrix} -qt & 1 \\ 1 & 0 \end{pmatrix}$$

$$= \begin{pmatrix} -qt a_1^{(i-1)} + b_1^{(i-1)} & a_1^{(i-1)} \\ -qt c_1^{(i-1)} + d_1^{(i-1)} & c_1^{(i-1)} \end{pmatrix}$$

と

$$A_i = (\tau_q^{i-1} A)A_{i-1} = \begin{pmatrix} -q^i t & 1 \\ 1 & 0 \end{pmatrix} \begin{pmatrix} a^{(i-1)} & b^{(i-1)} \\ c^{(i-1)} & d^{(i-1)} \end{pmatrix}$$

$$= \begin{pmatrix} -q^i t a^{(i-1)} + c^{(i-1)} & -q^i t b^{(i-1)} + d^{(i-1)} \\ a^{(i-1)} & b^{(i-1)} \end{pmatrix}$$

を得る. したがって $i \geq 2$ に対して

$$b^{(i)} = a_1^{(i-1)}, \quad c^{(i)} = a^{(i-1)}, \quad d^{(i)} = b^{(i-1)} = c_1^{(i-1)}$$

が成り立ち, $i \geq 3$ に対して

$$a^{(i)} = -q^i t a^{(i-1)} + c^{(i-1)} = -q^i t a^{(i-1)} + a^{(i-2)}$$

が成り立つ. これより $i = 1, 2, \cdots$ に対して

$$a^{(i)} = (-1)^i q^{i(i+1)/2} t^i + (i - 2 \text{ 次以下の項}) \tag{6.8}$$

となることが帰納的にわかる. さらに $i = 1, 2, \cdots$ に対して

$$c^{(i)} = (-1)^{i-1} q^{(i-1)i/2} t^{i-1} + (i - 3 \text{ 次以下の項}), \tag{6.9}$$

$$b^{(i)} = (-1)^{i-1} q^{(i-1)(i+2)/2} t^{i-1} + (i - 3 \text{ 次以下の項}), \tag{6.10}$$

$$d^{(i)} = \begin{cases} (-1)^{i-2} q^{(i-2)(i+1)/2} t^{i-2} + (i - 4 \text{ 次以下の項}) & (i \geq 2), \\ 0 & (i = 1) \end{cases} \tag{6.11}$$

が成り立つ. 特に $b^{(i)} c^{(i)} \neq 0$ である.

補題 6.32　同型写像 $\tau \colon C((1/t)) \to C((1/t))$ を

$$\tau\left(\sum_i e_i \left(\frac{1}{t}\right)^i\right) = \sum_i \frac{e_i}{q^i}\left(\frac{1}{t}\right)^i$$

により定める. $\mathrm{Eq}(A_k, 1)/\mathcal{K}^{(k)}$ は $(C((1/t)), \tau^k)$ の中に

$$\sum_{i=1}^{\infty} e_i \left(\frac{1}{t}\right)^i, \quad e_i \in C,\ e_1 \neq 0$$

の形の解をただ一つもつ. これを $f^{(k)}$ とすると,

$$f^{(1)} = f^{(2)} = f^{(3)} = \cdots$$

が成り立つ.

証明（一意性） $\qquad f = \sum_{i=1}^{\infty} e_i \left(\frac{1}{t}\right)^i, \quad e_i \in C,\ e_1 \neq 0$

が $\mathrm{Eq}(A_k, 1)/\mathcal{K}^{(k)}$ の $(C((1/t)), \tau^k)$ の中の解であるとする.

$$\tau^k(f)(c^{(k)}f + d^{(k)}) = a^{(k)}f + b^{(k)}$$

の左辺は式 (6.9), (6.11) より

$$
\begin{aligned}
&\tau^k(f)(c^{(k)}f + d^{(k)}) \\
&= \left(\sum_{i=1}^{\infty} \frac{e_i}{q^{ki}} \left(\frac{1}{t}\right)^i\right) \left[\left((-1)^{k-1} q^{(k-1)k/2} \left(\frac{1}{t}\right)^{-k+1} + \cdots\right) \sum_{i=1}^{\infty} e_i \left(\frac{1}{t}\right)^i \right. \\
&\quad \left. + \begin{cases} 0 & (k = 1), \\ (-1)^{k-2} q^{(k-2)(k+1)/2} \left(\frac{1}{t}\right)^{-k+2} + \cdots & (k \geq 2) \end{cases} \right]
\end{aligned}
\tag{6.12}
$$

であり, 右辺は式 (6.8), (6.10) より

$$
\begin{aligned}
a^{(k)}f + b^{(k)} &= \left((-1)^k q^{k(k+1)/2} \left(\frac{1}{t}\right)^{-k} + \cdots\right) \sum_{i=1}^{\infty} e_i \left(\frac{1}{t}\right)^i \\
&\quad + \left((-1)^{k-1} q^{(k-1)(k+2)/2} \left(\frac{1}{t}\right)^{-k+1} + \cdots\right)
\end{aligned}
\tag{6.13}
$$

である. $(1/t)^{-k+1}$ の係数を比較すると,

$$0 = (-1)^k q^{k(k+1)/2} e_1 + (-1)^{k-1} q^{(k-1)(k+2)/2}$$

を得る. したがって $e_1 = q^{-1}$ である. $j \geq 2$ に対して式 (6.13) の $(1/t)^{-k+j}$ の係数は

$$(-1)^k q^{k(k+1)/2} e_j + P_j$$

と表せる. ここで P_j は $e_1, \cdots, e_{j-1}$ から決まるものである. 一方, $j \geq 2$ に対して式 (6.12) の $(1/t)^{-k+j}$ の係数は

$$\left(\sum_{i=1}^{j-1} \frac{e_i}{q^{ki}} \left(\frac{1}{t} \right)^i \right) \left(c^{(k)} \sum_{i=1}^{j-1} e_i \left(\frac{1}{t} \right)^i + d^{(k)} \right)$$

の $(1/t)^{-k+j}$ の係数と一致する. これを Q_j とする. Q_j は $e_1, \cdots, e_{j-1}$ から決まるから,

$$(-1)^k q^{k(k+1)/2} e_j + P_j = Q_j$$

より

$$e_j = (-1)^k q^{-k(k+1)/2} (Q_j - P_j)$$

は $e_1, \cdots, e_{j-1}$ から決まることがわかる. したがって f は一意的である.

（存在）一意性の議論から,

$$e_1 = q^{-1}, \quad e_i = (-1)^k q^{-k(k+1)/2} (Q_i - P_i) \quad (i \geq 2)$$

と定めれば

$$f^{(k)} = \sum_{i=1}^{\infty} e_i \left(\frac{1}{t} \right)^i \in (C((1/t)), \tau^k)$$

は $\mathrm{Eq}(A_k, 1)/\mathcal{K}^{(k)}$ をみたす.

（一致）$f^{(1)} \in (C((1/t)), \tau)$ は $\mathrm{Eq}(A, 1)/\mathcal{K}$ の解であるから, 定理 6.19 より $\mathrm{Eq}(A, k)/\mathcal{K}$ の解である. さらに定理 6.20 より $f^{(1)} \in (C((1/t)), \tau^k)$ は $\mathrm{Eq}(A_k, 1)/\mathcal{K}^{(k)}$ の解である. したがって一意性より $f^{(k)} = f^{(1)}$ が成り立つ. □

次の定理が目標としていたものである [24].

定理 6.33 $q \in C^\times$ は 1 のベキ根でないとする. このとき $i = 1, 2, \cdots$ に対して $\mathrm{Eq}(A_i, 1)/\mathcal{K}^{(i)}$ はどんな差分拡大 $\mathcal{L}/\mathcal{K}^{(i)}$ の中にも $C(t)$ 上代数的な解をもたない.

証明 ある k に対して $\mathrm{Eq}(A_k, 1)/\mathcal{K}^{(k)}$ が差分拡大 $\mathcal{L}/\mathcal{K}^{(k)}$ の中に $C(t)$ 上代数的な解 f をもつと仮定する. $\mathcal{L} = (L, \tau)$ と表す.

$$\tau(f)(c^{(k)}f + d^{(k)}) = a^{(k)}f + b^{(k)} \tag{6.14}$$

であり，$\det A = -1$ より $\det A_k = (-1)^k \neq 0$ であるから，

$$\tau f = \frac{a^{(k)}f + b^{(k)}}{c^{(k)}f + d^{(k)}} \in C(t, f)$$

がわかる．したがって $\mathcal{K}^{(k)}\langle f \rangle_{\mathcal{L}}$ の基底体は $C(t, f)$ である．$n = [C(t, f) : C(t)]$ とおくと，定理 4.4 より $C(t, f) = C(z)$, $z^n = t$ と表せる．また，$\tau z = rz$, $r^n = q^k$, $r \in C$ と表せる．$f \in C(z)^\times$ と $A_k \in \mathrm{M}_2(C[z^n])$ に注意しよう．

$$f = \frac{P}{Q}, \quad P, Q \in C[z] \setminus \{0\}$$

と表す．ここで P, Q は互いに素とする．等式 (6.14) より

$$\frac{\tau P}{\tau Q} = \frac{a^{(k)}(P/Q) + b^{(k)}}{c^{(k)}(P/Q) + d^{(k)}} = \frac{a^{(k)}P + b^{(k)}Q}{c^{(k)}P + d^{(k)}Q}$$

を得る．$\tau P, \tau Q$ は互いに素であるから，ある $R \in C[z]$ が存在して

$$\begin{cases} R\tau(P) = a^{(k)}P + b^{(k)}Q, \\ R\tau(Q) = c^{(k)}P + d^{(k)}Q \end{cases} \tag{6.15}$$

となる．$\det A_k = (-1)^k$ より，

$$R \begin{pmatrix} \tau P \\ \tau Q \end{pmatrix} = \begin{pmatrix} a^{(k)} & b^{(k)} \\ c^{(k)} & d^{(k)} \end{pmatrix} \begin{pmatrix} P \\ Q \end{pmatrix},$$

$$(-1)^k R \begin{pmatrix} d^{(k)} & -b^{(k)} \\ -c^{(k)} & a^{(k)} \end{pmatrix} \begin{pmatrix} \tau P \\ \tau Q \end{pmatrix} = \begin{pmatrix} P \\ Q \end{pmatrix}$$

と計算できる．ここで P, Q が互いに素であることから，$R \in C^\times$ がわかる．等式 (6.15) の第 1 式から，

$$\deg_z(a^{(k)}P + b^{(k)}Q) = \deg_z R\tau(P) = \deg_z P$$

を得る．$\deg_z a^{(k)} = kn \geq 1$ であるから，$\deg_z a^{(k)}P > \deg_z P$ であり，よって $\deg_z a^{(k)}P = \deg_z b^{(k)}Q$ が成り立つ．したがって

$$\deg_z Q - \deg_z P = \deg_z a^{(k)} - \deg_z b^{(k)} = kn - (k-1)n = n$$

がわかる．ここで $f \in C(1/z) \subset C((1/z))$ として考えると，$Qf = P$ より

$$\mathrm{ord}\, f = \mathrm{ord}\, P - \mathrm{ord}\, Q = -\deg_z P + \deg_z Q = n$$

となるから，

$$f = \sum_{i=n}^{\infty} e_i \left(\frac{1}{z}\right)^i, \quad e_i \in C,\ e_n \neq 0$$

と表せる．同型写像 $\tau' \colon C((1/z)) \to C((1/z))$ を

$$\tau' \left(\sum_i \alpha_i \left(\frac{1}{z}\right)^i \right) = \sum_i \frac{\alpha_i}{r^i} \left(\frac{1}{z}\right)^i$$

により定める．$(C((1/z)), \tau')$ は $(C(z), \tau)$ の差分拡大体である．等式 (6.14) より $C((1/z))$ において

$$\tau'(f)(c^{(k)}f + d^{(k)}) = a^{(k)}f + b^{(k)} \tag{6.16}$$

が成り立つ．

$i \geq n$ に対して

$$n \nmid i \Longrightarrow e_i = 0$$

が成り立つことを示そう．これが示されれば補題 6.30 より

$$f \in C(((1/z)^n)) \cap C(1/z) = C((1/z)^n) = C(t)$$

が得られる．$n \nmid i$ かつ $e_i \neq 0$ をみたす $i \geq n$ が存在すると仮定し，$ln + m$ $(0 < m < n)$ をそのような i の最小値とする．

$$a^{(k)}f + b^{(k)}$$
$$= \left((-1)^k q^{k(k+1)/2} \left(\frac{1}{z}\right)^{-kn} + \cdots \right)$$
$$\times \left(e_n \left(\frac{1}{z}\right)^n + \cdots + e_{ln} \left(\frac{1}{z}\right)^{ln} + e_{ln+m} \left(\frac{1}{z}\right)^{ln+m} + \cdots \right)$$
$$+ b^{(k)}$$

に現れる項の指数のうち，n で割れない最小のものは $-kn + (ln + m)$ である．一方，

$$\tau'(f)(c^{(k)}f + d^{(k)})$$

$$= \left(\frac{e_n}{r^n} \left(\frac{1}{z}\right)^n + \cdots + \frac{e_{ln}}{r^{ln}} \left(\frac{1}{z}\right)^{ln} + \frac{e_{ln+m}}{r^{ln+m}} \left(\frac{1}{z}\right)^{ln+m} + \cdots \right)$$

$$\times \left[\left((-1)^{k-1} q^{(k-1)k/2} \left(\frac{1}{z}\right)^{-kn+n} + \cdots \right) \right.$$

$$\times \left(e_n \left(\frac{1}{z}\right)^n + \cdots + e_{ln} \left(\frac{1}{z}\right)^{ln} + e_{ln+m} \left(\frac{1}{z}\right)^{ln+m} + \cdots \right)$$

$$+ \left\{ \begin{array}{ll} 0 & (k=1), \\ (-1)^{k-2} q^{(k-2)(k+1)/2} \left(\frac{1}{z}\right)^{-kn+2n} + \cdots & (k \geq 2) \end{array} \right\} \right]$$

に現れる項の指数のうち，n で割れない最小のものは $-kn + 2n + (ln + m)$ 以上である．したがって

$$-kn + (ln + m) \geq -kn + 2n + (ln + m)$$

が成り立つことになるが，これはありえない．以上より $f \in C(t)$ がわかった．

定義から $n = 1$ であり，よって $z = t$, $r = q^k$ である．また，

$$f = \sum_{i=1}^{\infty} e_i \left(\frac{1}{t}\right)^i, \quad e_i \in C, \, e_1 \neq 0$$

となる．$(C(t), \tau) = \mathcal{K}^{(k)}$ に注意すると，等式 (6.16) より $f \in (C((1/t)), \tau')$ は $\mathrm{Eq}(A_k, 1)/\mathcal{K}^{(k)}$ の解であることがわかる．τ_q を

$$\tau_q \left(\sum_i \alpha_i \left(\frac{1}{t}\right)^i \right) = \sum_i \frac{\alpha_i}{q^i} \left(\frac{1}{t}\right)^i$$

により $C((1/t))$ に拡張すると，$\tau' = \tau_q^k$ となるから，補題 6.32 より $f \in C(t)$ は $\mathrm{Eq}(A, 1)/\mathcal{K}$ の $(C((1/t)), \tau_q)$ の中の解でもある．これは補題 6.31 の結果に反する． $\square$

定理 6.34 $q \in C^{\times}$ は 1 のベキ根でないとする．$\mathcal{U} = (U, \tau)$ を $\mathcal{K}$ の差分拡大体，$g \in \mathcal{U}$ を q-Airy 方程式 (6.6) の非自明解 ($g \neq 0$) とする．$\mathcal{N}/\mathcal{K}$ を $\mathcal{U}$ の中の $\mathrm{LF}^{(p)}$ 拡大とすると，$g, \tau g$ は N 上代数的独立である．特に q-Airy 方程式は $\mathcal{K}$ の $\mathrm{LF}^{(p)}$ 拡大体の中に非自明解をもたない．これを q-Airy 方程式の**非可解性**という．

130   第 6 章 差分方程式の非可解性

証明
$$\tau^2 g + qt\tau g - g = 0$$

より, $f = \tau g$ とおくと

$$\begin{pmatrix} \tau f \\ \tau g \end{pmatrix} = \begin{pmatrix} -qtf + g \\ f \end{pmatrix} = \begin{pmatrix} -qt & 1 \\ 1 & 0 \end{pmatrix} \begin{pmatrix} f \\ g \end{pmatrix} = A \begin{pmatrix} f \\ g \end{pmatrix}$$

が成り立つ. 定理 6.33 と系 6.29 より f, g は N 上代数的独立である.   □

第7章

差分方程式の既約性

7.1 背景

　この章で扱うのは代数的差分方程式が何らかの意味でより低い階数の方程式に簡約 (reduce) され得るか，という問題である．簡約されないとき，既約 (irreducible) であるというのが普通である．微分方程式に対するこの種の研究は古くから行われてきた．その中で比較的新しいものとして次の微分拡大による研究がある．

　定義 7.1 (西岡啓二 [15]) 微分拡大 $\mathcal{L}/\mathcal{K}$ に対して，$\mathcal{K}$ の微分拡大体 $\mathcal{M}$ が存在して L と M は K 上代数的無関連であり，かつ $\mathcal{L}\mathcal{M}$ が次のような微分体の列の終点 $\mathcal{N}_n$ に含まれるとき，$\mathcal{L}/\mathcal{K}$ を**分解可能拡大**という．

$$\mathcal{M} = \mathcal{N}_0 \subset \mathcal{N}_1 \subset \cdots \subset \mathcal{N}_n,$$

ここで $\operatorname{tr.deg} N_j/N_{j-1} \leq 1 \ (j = 1, \cdots, n)$ とする．また，微分拡大 $\mathcal{L}/\mathcal{K}$ に対して，微分体の列

$$\mathcal{K} = \mathcal{L}_0 \subset \mathcal{L}_1 \subset \cdots \subset \mathcal{L}_m = \mathcal{L}$$

が存在して各 $\mathcal{L}_j/\mathcal{L}_{j-1}$ が上述の分解可能拡大であるとき，この $\mathcal{L}/\mathcal{K}$ も**分解可能拡大**という．

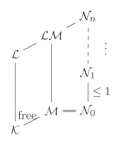

微分拡大 $\mathcal{L}/\mathcal{K}$ の元 f に対して，$\operatorname{tr.deg} K(f,f',f'',\cdots)/K \leq 1$ は，f が K 上代数的または $\mathcal{K}$ 上の 1 階代数的微分方程式をみたすことと同値であることに注意する．高階代数的微分方程式の解が一般に分解可能拡大に含まれるとき，その方程式は 1 階代数的微分方程式に簡約されると考えるのである．例えば Painlevé 第 1 方程式と呼ばれる $y'' = 6y^2 + x$ は分解可能拡大の中に解をもたないから，分解可能拡大の観点から既約であるという [15, 17]．

既約や簡約という用語は一般的なものであり，明示しなければ意味が確定しない．しかし歴史的な事情により「Painlevé 方程式の既約性」というと梅村古典超越関数解がないという意味であることが多い [26]．梅村の古典関数は次のように定義される．

定義 7.2 (梅村 [40]) 複素平面 $\mathbb{C}$ 上の定数関数全体に操作 (O), (P1)〜(P5) を有限回繰り返して得られる関数を**古典的**であるという[1]．

(O) 既知関数 $f(x)$ の導関数 $f'(x)$ は新しい既知関数となる．

(P1) f,g を既知関数とすれば，それらの和，差，積 $f \pm g$，fg および（$g \neq 0$ のとき）商 f/g は新しい既知関数となる．

(P2) $a_1, a_2, \cdots, a_n$ を既知関数とする．関数 f が代数方程式 $f^n + a_1 f^{n-1} + \cdots + a_n = 0$ をみたせば，f は新しい既知関数である．

(P3) f を既知関数とする．関数 F が微分方程式 $F' = f$ をみたせば，F は新しい既知関数である．つまり既知関数の不定積分は新しい既知関数である．

(P4) $a_1, a_2, \cdots, a_n$ を既知関数とする．関数 f が線型微分方程式 $f^{(n)} + a_1 f^{(n-1)} + \cdots + a_n f = 0$ をみたせば f は新しい既知関数である．

---

[1] 操作 (O), (P1)〜(P5) は代数群と関係する [40]．

(P5) A を複素数体 $\mathbb{C}$ 上定義されたアーベル多様体, $p\colon \mathbb{C}^n \to A$ を普遍被覆空間とする. $a_1, a_2, \cdots, a_n$ を領域 D 上で正則な既知関数とし, 正則写像 $F\colon D \to \mathbb{C}^n$ を $x \mapsto (a_1(x), a_2(x), \cdots, a_n(x))$ で定義する. このとき, 複素多様体 A 上の任意の有理型関数 φ について, D 上の有理型関数 $\varphi \circ p \circ F$ は新しい既知関数である. ただし, ここで $p \circ F$ による D の像が, φ の極に含まれるような有理関数 φ を除いておく.

(P6) $F(Y, Y')$ を既知関数を係数とする 2 変数の多項式とする. 関数 f が微分方程式 $F(f, f') = 0$ をみたせば, f は新しい既知関数である.

梅村 [39] によれば, 古典関数はすべて強正規拡大と呼ばれる微分拡大と操作 (P6) を繰り返して得られる. 強正規拡大は Kolchin の微分ガロワ理論を構成するものであり, 分解可能拡大の例でもある [15, 17]. Bialynicki-Birula [2] による強正規拡大の定義をすぐに述べる. 分解可能拡大を繰り返したものも, 定義よりまた分解可能拡大であるから, 古典関数は分解可能拡大に含まれる. したがって Painlevé 第 1 方程式は古典関数解をもたないことがわかる. なお, Painlevé 方程式でもともと問題とされたのは, 何らかの変換により線形微分方程式に帰着されるかどうかであった.

Painlevé 方程式にも差分版が作られ, その既約性が問題となった[2]. 古典関数の差分版はよくわからないが, 強正規拡大の差分版はすでに存在していた.

定義 7.3 (Bialynicki-Birula [2])[3] $\mathcal{E} = (E, \delta)$ を可逆差分体 (微分体) $\mathcal{F}$ の可逆差分拡大体 (微分拡大体) とする. 次が成り立つとき $\mathcal{E}$ は $\mathcal{F}$ の **強正規拡大** (strongly normal extension) であるという.

(1) E/F は正則拡大である. つまり F が E の中で代数的に閉じていて, かつ E/F が分離拡大である[4].

(2) E/F は有限生成拡大である.

(3) $C_\mathcal{E} = C_\mathcal{F}$ であり, $C_\mathcal{F}$ は代数閉体である.

---

[2] 差分 Painlevé 方程式については坂井 [33, 34] をみるとよい.

[3] 実際には Bialynicki-Birula は複数の微分と変換が定義された体を考えた.

[4] 永田 [14] をみよ.

(4) $\langle \mathcal{E} \underset{F}{\otimes} \mathcal{E} \rangle = \langle \mathcal{E} \underset{F}{\otimes} 1, C_{\langle \mathcal{E} \underset{F}{\otimes} \mathcal{E} \rangle} \rangle$ である．ここで $\mathcal{E} \underset{F}{\otimes} \mathcal{E}$, $\mathcal{E} \underset{F}{\otimes} 1$ はそれぞれ

$(E \underset{F}{\otimes} E, \delta \underset{F}{\otimes} \delta)$, $(E \underset{F}{\otimes} 1, \delta \underset{F}{\otimes} \delta)$,

$$(\delta \underset{F}{\otimes} \delta)\left(\sum_i a_i \otimes b_i\right) = \sum_i \delta(a_i) \otimes \delta(b_i),$$

であり，$\langle \mathcal{E} \underset{F}{\otimes} \mathcal{E} \rangle$ は $\mathcal{E} \underset{F}{\otimes} \mathcal{E}$ の商体[5]，右辺の $\langle \cdots \rangle$ は $\cdots$ を含む最小の可逆差分体（微分体）である．

これにより，微分の場合と同様に差分体の強正規拡大と超越次数 1 以下の拡大の繰り返しを考えることが自然に感じられる．また，階数に関する既約性は単純に分解可能拡大を差分体で書きなおして考えればよい．次節でみるように，差分においても強正規拡大は分解可能拡大になる．したがって差分 Painlevé 方程式の梅村風な既約性を得るには分解可能拡大の中に超越関数解がないことを示せば十分である．これは分解可能拡大によって意味づけられる階数の観点からの既約性を示すことにほかならない．

7.2 分解可能拡大と強正規拡大

微分体の分解可能拡大は今日では帰納的に定義される [17]．以下はその差分版である [25]．

定義 7.4 $\mathcal{L}/\mathcal{K}$ を差分拡大とし，L/K は有限超越次数であり，L は代数閉体であるとする．$\mathcal{L}/\mathcal{K}$ が**分解可能拡大** (decomposable extension) であることを $\mathrm{tr.\,deg}\, L/K$ に関して帰納的に定める．

(1) $\mathrm{tr.\,deg}\, L/K \le 1$ なら $\mathcal{L}/\mathcal{K}$ は分解可能拡大である．

(2) $\mathrm{tr.\,deg}\, L/K \ge 2$ のとき，次の条件 (a)〜(f) をみたす差分体 $\mathcal{U}, \mathcal{E}, \mathcal{M}$ が存在すれば $\mathcal{L}/\mathcal{K}$ は分解可能拡大である．

　(a) $\mathcal{U}$ は $\mathcal{L}$ の差分拡大体であり U は代数閉体である．

　(b) $\mathcal{E}$ は $\mathcal{U}/\mathcal{K}$ の差分中間体である．

---

[5] (1) より $E \underset{F}{\otimes} E$ は整域である．

(c) E と L は K 上代数的無関連である.
(d) $\mathcal{M}$ は $\mathcal{LE}/\mathcal{E}$ の差分中間体である.
(e) $\operatorname{tr.deg} LE/M \geq 1$ かつ $\operatorname{tr.deg} M/E \geq 1$ である.
(f) $\overline{\mathcal{LE}}, \overline{\mathcal{M}}$ をそれぞれ $\mathcal{LE}, \mathcal{M}$ の $\mathcal{U}$ における代数閉包とすると, $\overline{\mathcal{LE}}/\mathcal{M}$ と $\overline{\mathcal{M}}/\mathcal{E}$ は分解可能拡大である.

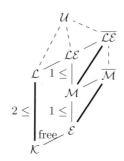

定理 7.5 $\mathcal{K}$ を差分体とし, $\mathcal{L}/\mathcal{K}$ と $\mathcal{N}/\mathcal{L}$ を分解可能拡大とする. このとき $\mathcal{N}/\mathcal{K}$ は分解可能拡大である.

証明 $\operatorname{tr.deg} N/K \geq 2$ としてよい. (i) $\operatorname{tr.deg} N/L = 0$ のとき, L が代数閉体であることより $N = L$ である. したがって $\mathcal{N}/\mathcal{K}$ は分解可能拡大である.

(ii) $\operatorname{tr.deg} L/K = 0$ のとき, $\operatorname{tr.deg} N/L \geq 2$ であるから, $\mathcal{N}/\mathcal{L}$ に対し定義の条件 (a)~(f) をみたす差分体 $\mathcal{U}, \mathcal{E}, \mathcal{M}$ が存在する. E と N が L 上代数的無関連であるから, 補題 3.25 より $\operatorname{tr.deg} N/L = \operatorname{tr.deg} NE/E$ を得る. したがって $\operatorname{tr.deg} N/K = \operatorname{tr.deg} NE/E$ であり, 補題 3.25 より N と E が K 上代数的無関連であることがわかる. 定義より $\mathcal{N}/\mathcal{K}$ は分解可能拡大である.

(iii) $\operatorname{tr.deg} N/L \geq 1$ かつ $\operatorname{tr.deg} L/K \geq 1$ のとき, 定義の $\mathcal{U}, \mathcal{E}, \mathcal{M}$ をそれぞれ $\mathcal{N}, \mathcal{K}, \mathcal{L}$ で考えれば $\mathcal{N}/\mathcal{K}$ が分解可能拡大であることがわかる. □

これから強正規拡大が分解可能拡大であることを示すが, 先に差分同型を定義しておく.

定義 7.6 $\mathcal{R}_1 = (R_1, \tau_1)$, $\mathcal{R}_2 = (R_2, \tau_2)$ を差分環とする. 環準同型写像 $\varphi \colon R_1 \to R_2$ が $\varphi \circ \tau_1 = \tau_2 \circ \varphi$ をみたすとき, φ を**差分準同型写像**という. φ

が単射のときは**差分同型写像**という．$\mathcal{R}_1$ から $\mathcal{R}_2$ の上への差分同型写像が存在するとき，$\mathcal{R}_1$ と $\mathcal{R}_2$ は**差分同型**であるという．

補題 7.7　$\mathcal{R}, \mathcal{S}'$ を差分環，$\mathcal{R}'$ を $\mathcal{S}'$ の差分部分環とし，φ を $\mathcal{R}$ から $\mathcal{R}'$ の上への差分同型写像とする．このとき $\mathcal{R}$ の差分拡大環 $\mathcal{S}$ と φ の $\mathcal{S}$ への拡張 ψ が存在して ψ は $\mathcal{S}$ から $\mathcal{S}'$ の上への差分同型写像になる．

証明　R の拡大環 S と φ の S への拡張 ψ が存在して ψ は S から S' の上への同型写像になる[6]．$\mathcal{S}' = (S', \tau')$ とし，$\tau : S \to S$ を $\tau = \psi^{-1} \circ \tau' \circ \psi$ により定めると，$\mathcal{S} = (S, \tau)$ は $\mathcal{R}$ の差分拡大環であり，ψ は $\mathcal{S}$ から $\mathcal{S}'$ の上への差分同型写像である． $\square$

次に Bialynicki-Birula の補題とその系を紹介する [2]．

補題 7.8　$\mathcal{K}$ を差分体，$\mathcal{L} = (L, \tau)$ を $\mathcal{K}$ の差分拡大体とする．このとき $C_{\mathcal{L}}$ と K は $C_{\mathcal{K}}$ 上線形無関連であり，$C_{\mathcal{L}}$ の任意の部分体 k に対して $C_{\mathcal{K}\langle k \rangle} = kC_{\mathcal{K}}$ が成り立つ．

証明　$C_{\mathcal{L}}$ と K が $C_{\mathcal{K}}$ 上線形無関連でないと仮定して矛盾を導く．$a_1, \cdots, a_n \in C_{\mathcal{L}}$ が $C_{\mathcal{K}}$ 上 1 次独立であるが K 上 1 次従属であるものとしよう．ここで n を最小にとる．

$$c_1 a_1 + c_2 a_2 + \cdots + c_n a_n = 0, \quad c_i \in K, \, c_1 = 1$$

と表せる．$c_2 \notin C_{\mathcal{K}}$ としてよい．

$$a_1 + \tau(c_2)a_2 + \cdots + \tau(c_n)a_n = 0$$

より

$$(c_2 - \tau c_2)a_2 + \cdots + (c_n - \tau c_n)a_n = 0$$

を得るが，$c_2 \neq \tau c_2$ であるから n の最小性に反する．

後半の主張を示そう．k と $C_{\mathcal{K}}$ は $\mathcal{K}\langle k \rangle$ の基底体 kK に含まれるから，$kC_{\mathcal{K}} \subset C_{\mathcal{K}\langle k \rangle}$ である．$a \in C_{\mathcal{K}\langle k \rangle}$ とする．$\{x_h\}_{h \in H}$ を $C_{\mathcal{K}}$ 上の線形空間 K の基底とし，

---

[6] 代数の教科書を参照せよ．例えば Zariski-Samuel [43] の Ch. I, §13, 補題より．

$$a = \frac{\sum_h \alpha_h x_h}{\sum_h \beta_h x_h}, \quad \alpha_h, \beta_h \in kC_{\mathcal{K}}$$

と表す.

$$\sum_h \alpha_h x_h = \sum_h a\beta_h x_h$$

である. 前半の主張より $\{x_h\}_{h \in H}$ は $C_{\mathcal{L}}$ 上 1 次独立であるから, $\alpha_h = a\beta_h$ が成り立つ. $\beta_h \neq 0$ となる $h \in H$ が存在するから $a \in kC_{\mathcal{K}}$ がわかる. したがって $C_{\mathcal{K}\langle k \rangle} \subset kC_{\mathcal{K}}$ である. $\square$

系 7.9 $\mathcal{K}$ を差分体, $\mathcal{L}$ を $\mathcal{K}$ の差分拡大体とし, $\mathcal{L} = \mathcal{K}\langle C_{\mathcal{L}} \rangle$ が成り立つとする. L/K が有限生成拡大なら $C_{\mathcal{L}}/C_{\mathcal{K}}$ も有限生成拡大である.

証明 $L = K(a_1, \cdots, a_n)$ とする. $L = K(C_{\mathcal{L}})$ であるから,

$$a_1, \cdots, a_n \in K(b_1, \cdots, b_m), \quad b_i \in C_{\mathcal{L}}$$

とできる. $C_{\mathcal{L}} = C_{\mathcal{K}}(b_1, \cdots, b_m)$ を示せばよい. $\{x_h\}_{h \in H}$ を $C_{\mathcal{K}}$ 上の線形空間 K の基底とする. $a \in C_{\mathcal{L}}$ とすると, $a \in K(b_1, \cdots, b_m)$ より

$$a = \frac{\sum_h x_h f_h(b_1, \cdots, b_m)}{\sum_h x_h g_h(b_1, \cdots, b_m)}, \quad f_h, g_h \in C_{\mathcal{K}}[X_1, \cdots, X_m]$$

と表せる.

$$\sum_h a x_h g_h(b_1, \cdots, b_m) = \sum_h x_h f_h(b_1, \cdots, b_m)$$

となる. $a g_h(b_1, \cdots, b_m), f_h(b_1, \cdots, b_m) \in C_{\mathcal{L}}$ であり, 補題より $\{x_h\}_{h \in H}$ は $C_{\mathcal{L}}$ 上 1 次独立であるから, $a \in C_{\mathcal{K}}(b_1, \cdots, b_m)$ がわかる. $\square$

定理 7.10 差分拡大 $\mathcal{L}/\mathcal{K}$ が強正規拡大なら, $\mathcal{L}$ のある代数閉包 $\overline{\mathcal{L}}$ について $\overline{\mathcal{L}}/\mathcal{K}$ は分解可能拡大である.

証明 $\operatorname{tr.deg} L/K \geq 2$ としてよい. 自然なうめ込み $\varphi : \mathcal{L} \to 1 \underset{K}{\otimes} \mathcal{L}$ は差分同

138 第 7 章 差分方程式の既約性

型写像であるから, $\mathcal{U}'$ を $\langle \mathcal{L} \underset{K}{\otimes} \mathcal{L} \rangle$ の代数閉包とすると補題 7.7 より $\mathcal{L}$ の差分拡大体 $\mathcal{U}$ と φ の $\mathcal{U}$ への拡張 ψ が存在して ψ は $\mathcal{U}$ から $\mathcal{U}'$ の上への差分同型写像になる. 以下, ψ により $\mathcal{U}'$ の差分部分環を $\mathcal{U}$ のものと同一視する.

$\overline{\mathcal{L}}$ を $\mathcal{L}$ の $\mathcal{U}$ における代数閉包とし, $\mathcal{E} = \mathcal{L} \underset{K}{\otimes} 1$ とおく. $\mathcal{E} \supset \mathcal{K}$ である. 定義より L/K は有限生成拡大であるから $\langle \mathcal{L} \underset{K}{\otimes} \mathcal{L} \rangle = \mathcal{L}\mathcal{E}$ の基底体 LE は E 上有限生成である. また, $\mathcal{L}\mathcal{E} = \mathcal{E}\langle C_{\mathcal{L}\mathcal{E}} \rangle$ であるから, 系 7.9 より $C_{\mathcal{L}\mathcal{E}}/C_{\mathcal{E}}$ は有限生成拡大である. $C_{\mathcal{L}\mathcal{E}} = C_{\mathcal{E}}(x_1, \cdots, x_n)$ とする. $L \underset{K}{\otimes} L$ の基底を考えれば $1 \underset{K}{\otimes} L$ と $L \underset{K}{\otimes} 1$ は K 上線形無関連であることがわかるから, L と E は K 上代数的無関連である. したがって補題 3.25 より

$$\mathrm{tr.\,deg}\, LE/E = \mathrm{tr.\,deg}\, L/K \geq 2$$

である. $LE = EC_{\mathcal{L}\mathcal{E}} = E(x_1, \cdots, x_n)$ より

$$\mathrm{tr.\,deg}\, E(x_1, \cdots, x_n)/E(x_1, \cdots, x_k) = 1$$

となる $1 \leq k \leq n-1$ が存在する. $\mathcal{M} = \mathcal{E}\langle x_1, \cdots, x_k \rangle$ とおく. 以下, 代数閉包は $\mathcal{U}$ における代数閉包を考える. $\overline{\mathcal{L}\mathcal{E}}/\mathcal{M}$ は超越次数から分解可能拡大であることがわかる. また,

$$\mathcal{E} \subset \overline{\mathcal{E}\langle x_1 \rangle} \subset \overline{\mathcal{E}\langle x_1, x_2 \rangle} \subset \cdots \subset \overline{\mathcal{M}}$$

は分解可能拡大の連鎖であるから, 定理 7.5 より $\overline{\mathcal{M}}/\mathcal{E}$ は分解可能拡大である. $\overline{L}$ と E は K 上代数的無関連であり, $\mathrm{tr.\,deg}\,\overline{L}E/M = 1$, $\mathrm{tr.\,deg}\, M/E \geq 1$ であるから, 定義より $\overline{\mathcal{L}}/\mathcal{K}$ は分解可能拡大である. $\qquad\square$

最後に線形差分方程式の解が分解可能拡大を生成することを示そう [21]. 差分体 $\mathcal{K} = (K, \tau)$ の元 $b_1, \cdots, b_n$ の **Casorati 行列式**

$$\mathrm{Cas}(b_1, \cdots, b_n) = \det \begin{pmatrix} b_1 & \cdots & b_n \\ \tau b_1 & \cdots & \tau b_n \\ \vdots & & \vdots \\ \tau^{n-1} b_1 & \cdots & \tau^{n-1} b_n \end{pmatrix}$$

に関する次の補題を用いる.

補題 7.11 $\mathcal{K} = (K, \tau)$ を差分体とし，$C = C_{\mathcal{K}}$ とおく．$b_1, \cdots, b_n \in K$ ($n \geq 1$) とする．次は同値である．

(1) $b_1, \cdots, b_n$ は C 上 1 次従属である．

(2) $\mathrm{Cas}(b_1, \cdots, b_n) = 0$ である．

証明 (1) $\Rightarrow$ (2) $b_1, \cdots, b_n$ が C 上 1 次従属であるとすると，

$$c_1 b_1 + \cdots + c_n b_n = 0$$

となる $(c_1, \cdots, c_n) \in C^n \setminus \{0\}$ がある．

$$0 = \tau^i(c_1 b_1 + \cdots + c_n b_n) = c_1 \tau^i b_1 + \cdots + c_n \tau^i b_n \quad (1 \leq i \leq n-1)$$

であるから

$$\begin{pmatrix} b_1 & \cdots & b_n \\ \tau b_1 & \cdots & \tau b_n \\ \vdots & & \vdots \\ \tau^{n-1} b_1 & \cdots & \tau^{n-1} b_n \end{pmatrix} \begin{pmatrix} c_1 \\ c_2 \\ \vdots \\ c_n \end{pmatrix} = 0$$

となり，よって $\mathrm{Cas}(b_1, \cdots, b_n) = 0$ である．

(2) $\Rightarrow$ (1) n に関する帰納法で示す．$n = 1$ のときは成り立つ．$n \geq 2$ とし，$n-1$ で成り立つとする．

$$\begin{pmatrix} b_1 & \cdots & b_n \\ \tau b_1 & \cdots & \tau b_n \\ \vdots & & \vdots \\ \tau^{n-1} b_1 & \cdots & \tau^{n-1} b_n \end{pmatrix} \begin{pmatrix} c_1 \\ c_2 \\ \vdots \\ c_n \end{pmatrix} = 0$$

となる $(c_1, \cdots, c_n) \in K^n \setminus \{0\}$ が存在する．$c_1 = 1$ としてよい．

$$\tau^i b_1 + c_2 \tau^i b_2 + \cdots + c_n \tau^i b_n = 0 \quad (0 \leq i \leq n-1)$$

より

$$\tau^i b_1 + \tau(c_2) \tau^i b_2 + \cdots + \tau(c_n) \tau^i b_n = 0 \quad (1 \leq i \leq n)$$

が成り立つから，$1 \leq i \leq n-1$ に対して

$$
(c_2 - \tau c_2)\tau^i b_2 + \cdots + (c_n - \tau c_n)\tau^i b_n = 0
$$

である．したがって

$$
\begin{pmatrix}
\tau b_2 & \cdots & \tau b_n \\
\tau^2 b_2 & \cdots & \tau^2 b_n \\
\vdots & & \vdots \\
\tau^{n-1} b_2 & \cdots & \tau^{n-1} b_n
\end{pmatrix}
\begin{pmatrix}
c_2 - \tau c_2 \\
c_3 - \tau c_3 \\
\vdots \\
c_n - \tau c_n
\end{pmatrix} = 0
$$

を得る．$\mathrm{Cas}(\tau b_2, \cdots, \tau b_n) = 0$ なら $\mathrm{Cas}(b_2, \cdots, b_n) = 0$ であるから，帰納法の仮定より $b_2, \cdots, b_n$ は C 上 1 次従属となり (1) を得る．$\mathrm{Cas}(\tau b_2, \cdots, \tau b_n) \neq 0$ なら

$$
c_2 - \tau c_2 = \cdots = c_n - \tau c_n = 0
$$

となり，これは $c_2, \cdots, c_n \in C$ を意味するから (1) を得る． $\square$

定理 7.12 $\mathcal{K}$ を差分体，$\mathcal{V}$ を $\mathcal{K}$ の差分拡大体とする．$f \in \mathcal{V}$ を $\mathcal{K}$ 上の線形差分方程式

$$
y_n + a_{n-1} y_{n-1} + \cdots + a_0 y = 0, \quad a_i \in K
$$

の解とし，$\mathcal{L} = (L, \tau)$ を $\mathcal{K}\langle f \rangle$ の代数閉包とする．このとき $\mathcal{L}/\mathcal{K}$ は分解可能拡大である．

証明 $\mathcal{K}\langle f \rangle$ の基底体は $K(f, \tau f, \cdots, \tau^{n-1} f)$ である．$\mathrm{tr.\,deg}\, L/K \geq 2$ としてよい．

$$
m = \min\{0 \leq i \leq n-1 \mid a_i \neq 0\}
$$

とおく．b_{ij} $(m \leq i \leq n-1,\, 1 \leq j \leq n - m)$ を不定元とし，b_{ij} 全体の集合を B，

$$
b_{nj} = -a_{n-1} b_{n-1,j} - \cdots - a_m b_{mj} \in K(B)
$$

とおく．$\tau b_{ij} = b_{i+1,j}$ $(m \leq i \leq n-1,\, 1 \leq j \leq n - m)$ により τ を $L(B)$ から $L(B)$ の中への同型に拡張すると，$(L(B), \tau)$ は $\mathcal{L}$ の差分拡大体である．$b_{mj} = b_j$ とおくと $\tau^i b_j = b_{m+i,j}$ となる．$\mathcal{U}$ を $(L(B), \tau)$ の代数閉包とし，$\mathcal{L}'$ を $\mathcal{K}\langle \tau^m f \rangle$ の $\mathcal{L}$ における（$\mathcal{U}$ における）代数閉包とする．

まず $\mathcal{L}'/\mathcal{K}$ が分解可能拡大であることを示そう. $\mathrm{tr.deg}\, L'/K \geq 2$ としてよい.

$$\mathrm{tr.deg}\, K(B)/K = \mathrm{tr.deg}\, L'(B)/L' = (n-m)^2$$

であるから,補題 3.25 より $K(B)$ と L' は K 上代数的無関連である.

$$\begin{pmatrix} \tau^m f & \tau^{m+1} f & \cdots & \tau^n f \\ b_1 & \tau b_1 & \cdots & \tau^{n-m} b_1 \\ \vdots & \vdots & & \vdots \\ b_{n-m} & \tau b_{n-m} & \cdots & \tau^{n-m} b_{n-m} \end{pmatrix} \begin{pmatrix} a_m \\ a_{m+1} \\ \vdots \\ 1 \end{pmatrix} = 0$$

より $\mathrm{Cas}(\tau^m f, b_1, \cdots, b_{n-m}) = 0$ であるから $\tau^m f, b_1, \cdots, b_{n-m}$ は $C = C_{\mathcal{L}'\langle B\rangle}$ 上 1 次従属である. 一方 $\mathrm{Cas}(b_1, \cdots, b_{n-m})$ は b_{ij} $(m \leq i \leq n-1,\ 1 \leq j \leq n-m)$ が不定元であるから 0 ではなく,よって $b_1, \cdots, b_{n-m}$ は C 上 1 次独立である. したがって

$$\tau^m f = c_1 b_1 + \cdots + c_{n-m} b_{n-m}, \quad c_i \in C$$

と表せる. $\mathcal{K}\langle B, c_1, \cdots, c_{n-m}\rangle \ni \tau^m f$ であるから,$\mathcal{L}'\langle B\rangle$ は $\mathcal{K}\langle B, c_1, \cdots, c_{n-m}\rangle$ の代数拡大である.

$$\mathrm{tr.deg}\, L'(B)/K(B) = \mathrm{tr.deg}\, L'/K \geq 2$$

より,

$$\mathrm{tr.deg}\, L'(B)/K(B, c_1, \cdots, c_k) = 1$$

となる $1 \leq k \leq n-m-1$ が存在する. $\mathcal{M} = \mathcal{K}\langle B, c_1, \cdots, c_k\rangle$ とおく. 以下,代数閉包は $\mathcal{U}$ における代数閉包を考えると,$\overline{\mathcal{L}'\langle B\rangle}/\mathcal{M}$ は分解可能拡大であり,

$$\mathcal{K}\langle B\rangle \subset \overline{\mathcal{K}\langle B, c_1\rangle} \subset \overline{\mathcal{K}\langle B, c_1, c_2\rangle} \subset \cdots \subset \overline{\mathcal{M}}$$

より $\overline{\mathcal{M}}/\mathcal{K}\langle B\rangle$ も分解可能拡大であることがわかる. したがって定義より $\mathcal{L}'/\mathcal{K}$ は分解可能拡大である.

あとは

$$\mathcal{K} \subset \mathcal{L}' = \overline{\mathcal{K}\langle \tau^m f\rangle} \subset \overline{\mathcal{K}\langle \tau^{m-1} f\rangle} \subset \overline{\mathcal{K}\langle \tau^{m-2} f\rangle} \subset \cdots \subset \overline{\mathcal{K}\langle f\rangle} = \mathcal{L}$$

を考えれば $\mathcal{L}/\mathcal{K}$ が分解可能拡大であることがわかる. $\qquad\square$

142 第 7 章 差分方程式の既約性

7.3 差分 Painlevé 方程式の既約性

この節では差分 Painlevé 方程式の 1 つである

$$q\text{-P}(A_7)\colon y(q^2t)y(qt)^2y(t) = qt(1 - y(qt))$$

の既約性を検証する．この方程式は Ramani と Grammaticos の論文 [29] に現れているが，q-P(A_7) という名称は彼らとは異なる観点から差分 Painlevé 方程式を分類した坂井による [33, 34]．

次の補題から始める．

補題 7.13 $\mathcal{K}$ を差分体，$\mathcal{D}/\mathcal{K}$ を分解可能拡大とし，B を $\mathcal{D}$ の部分集合とする．$\mathcal{K}\langle B\rangle$ の任意の差分拡大体 $\mathcal{U} = (U, \tau)$ と $\mathcal{U}/\mathcal{K}$ の任意の差分中間体 $\mathcal{L}$ に対して，

$$\operatorname{tr.deg} L(B, \tau B, \cdots)/L \le 1 \Longrightarrow \operatorname{tr.deg} L(B)/L = 0$$

が成り立つとする．このとき $\operatorname{tr.deg} K(B)/K = 0$ である．

証明 $\operatorname{tr.deg} K(B)/K \ge 1$ と仮定して矛盾を導く．差分体 $\mathcal{L}, \mathcal{N}$ を次をみたすものの中で $\operatorname{tr.deg} N/L$ が最小なものとする．

(1) $\mathcal{K}\langle B\rangle \subset \mathcal{N}$ である．

(2) $\mathcal{K} \subset \mathcal{L} \subset \mathcal{N}$ である．

(3) $\mathcal{N}/\mathcal{L}$ は分解可能拡大である．

(4) $\operatorname{tr.deg} L(B)/L \ge 1$ である．

$\mathcal{K}, \mathcal{D}$ はこの条件をみたすから，これは well-defined である．$\operatorname{tr.deg} N/L \le 1$ なら，$\mathcal{N} = (N, \tau)$ とすると $\operatorname{tr.deg} L(B, \tau B, \cdots)/L \le 1$ であり，仮定より $\operatorname{tr.deg} L(B)/L = 0$ を得る．これは $\mathcal{L}, \mathcal{N}$ の条件 (4) に反する．したがって $\operatorname{tr.deg} N/L \ge 2$ であり，$\mathcal{N}/\mathcal{L}$ は分解可能拡大であるから定義の条件をみたす差分体 $\mathcal{U}, \mathcal{E}, \mathcal{M}$ が存在する．$\overline{\mathcal{N}\mathcal{E}}, \overline{\mathcal{M}}$ をそれぞれ $\mathcal{N}\mathcal{E}, \mathcal{M}$ の $\mathcal{U}$ における代数閉包とする．$\mathcal{M}, \overline{\mathcal{N}\mathcal{E}}$ は上記 (1), (2), (3) をみたすから，$\operatorname{tr.deg} \overline{NE}/M < \operatorname{tr.deg} N/L$ より (4) をみたさず，よって $\operatorname{tr.deg} M(B)/M = 0$ が成り立つ．$B \subset \overline{M}$ となるから，$\mathcal{E}, \overline{\mathcal{M}}$ も上記 (1), (2), (3) をみたし，$\operatorname{tr.deg} \overline{M}/E < \operatorname{tr.deg} N/L$ よ

り $\operatorname{tr.deg} E(B)/E = 0$ を得る．E と N は L 上代数的無関連であったから，$\operatorname{tr.deg} L(B)/L = 0$ となり，これは $\mathcal{L}, \mathcal{N}$ のとり方に反する． $\square$

C を代数閉体，$C(t)$ を C 上の有理関数体とし，$q \in C^{\times}$ とする．

$$\mathcal{K} = (C(t), \tau_q \colon f(t) \mapsto f(qt))$$

と定める．$q\text{-}\mathrm{P}(A_7)$ は $\mathcal{K}$ 上の差分方程式

$$y_2 y_1^2 y = qt(1 - y_1)$$

である．

補題 7.14 $q \in C^{\times}$ は 1 のベキ根でないとする．$\mathcal{L}$ を $\mathcal{K}$ の差分拡大体，$\mathcal{U} = (U, \tau)$ を $\mathcal{L}$ の差分拡大体とし，$f \in \mathcal{U}$ が $q\text{-}\mathrm{P}(A_7)$ の解であるとする．このとき

$$\operatorname{tr.deg} L(f, \tau f, \cdots)/L \leq 1 \Longrightarrow \operatorname{tr.deg} L(f)/L = 0$$

が成り立つ．

証明 まず f が L 上超越的なら $\tau^i f$ $(i \geq 1)$ も L 上超越的であることを示そう．f が L 上超越的であるとすると，

$$\tau^2(f)\tau(f)^2 f = qt(1 - \tau f)$$

より

$$f = \frac{qt(1 - \tau f)}{\tau^2(f)\tau(f)^2}$$

であるから，$i \geq 1$ に対して

$$\tau^{i-1} f = \frac{q^i t(1 - \tau^i f)}{\tau^{i+1}(f)\tau^i(f)^2} \in L(\tau^i f, \tau^{i+1} f)$$

である．$\tau^i f$ $(i \geq 1)$ が L 上代数的なら $\tau^{i+1} f$ も L 上代数的であるから，この式より $\tau^{i-1} f$ も L 上代数的である．したがって帰納法により $\tau^i f$ $(i \geq 1)$ が L 上超越的であることがわかる．

次に $\mathcal{L}$ は可逆としてよいことを確認する．$\mathcal{L}$ が可逆の場合に成り立つことがわかった場合，$\mathcal{U}^*$ を $\mathcal{U}$ の可逆閉包，$\mathcal{L}^*$ を $\mathcal{L}$ の $\mathcal{U}^*$ における可逆閉包とし，

144   第 7 章 差分方程式の既約性

tr. deg $L(f, \tau f, \cdots)/L \leq 1$ とすると,tr. deg $L^*(f, \tau f, \cdots)/L^* \leq 1$ であるから,tr. deg $L^*(f)/L^* = 0$ がわかる.このとき f は L^* 上代数的であるから $P(f) = 0$ となる $P \in L^*[X] \setminus \{0\}$ が存在する.$\mathcal{U}^*$ の変換作用素も τ と表すことにする.$P^{\tau^k} \in L[X] \setminus \{0\}$ となる $k \geq 0$ がある.$P^{\tau^k}(\tau^k f) = 0$ より $\tau^k f$ は L 上代数的であるから,上述の結果より f は L 上代数的である.これは tr. deg $L(f)/L = 0$ を意味する.

$\mathcal{L}$ は可逆として本題に入ろう.tr. deg $L(f, \tau f, \cdots)/L = 1$ と仮定する.矛盾を導けばよい.このとき f は L 上超越的であり,$f, \tau f$ は L 上代数的従属である.ある既約多項式 $F \in L[Y, Y_1] \setminus \{0\}$ が存在して $F(f, \tau f) = 0$ が成り立つ.

$$F = \sum_{i=0}^{n_0} \sum_{j=0}^{n_1} a_{ij} Y^i Y_1^j, \quad a_{ij} \in L.$$

と表す.ここで $n_0 = \deg_Y F$,$n_1 = \deg_{Y_1} F$,$a_{n_0 n_1} \in \{0, 1\}$ としてよい.また,F^τ も既約である.

$$F_0 = (Y_1 Y^2)^{n_0} F\left(\frac{qt(1-Y)}{Y_1 Y^2}, Y\right),$$
$$F_1 = (Y_1^2 Y)^{n_1} F^\tau\left(Y_1, \frac{qt(1-Y_1)}{Y_1^2 Y}\right)$$

と定める.$F_0, F_1 \in L[Y, Y_1] \setminus \{0\}$ である.

$$F_0(\tau f, \tau^2 f) = (\tau^2(f)\tau(f)^2)^{n_0} F\left(\frac{qt(1-\tau f)}{\tau^2(f)\tau(f)^2}, \tau f\right)$$
$$= (\tau^2(f)\tau(f)^2)^{n_0} F(f, \tau f) = 0,$$

$$F_1(f, \tau f) = (\tau(f)^2 f)^{n_1} F^\tau\left(\tau f, \frac{qt(1-\tau f)}{\tau(f)^2 f}\right)$$
$$= (\tau(f)^2 f)^{n_1} F^\tau(\tau f, \tau^2 f) = 0$$

であり,τf は L 上超越的であるから,$F \mid F_1$ と $F^\tau \mid F_0$ が成り立つ[7].次数を比較すると

$$n_0 = \deg_Y F \leq \deg_Y F_1 \leq n_1 = \deg_{Y_1} F = \deg_{Y_1} F^\tau \leq \deg_{Y_1} F_0 \leq n_0$$

---

[7] 代数の教科書を参照せよ.例えば Zariski-Samuel [43] の Ch. II, §13, 補題 2 より.

を得るから，$n = n_0 = n_1 (\geq 1)$ とおく．

$$F_1 = PF, \quad P \in L[Y, Y_1] \setminus \{0\}$$

と表す．上の不等式から

$$\deg_Y P = \deg_Y F_1 - \deg_Y F = 0$$

がわかるから，$P \in L[Y_1]$ である．$F_1 = PF$ の両辺を個別に計算しよう．左辺は

$$F_1 = (Y_1^2 Y)^n \sum_{i,j} \tau(a_{ij}) Y_1^i \left(\frac{qt(1-Y_1)}{Y_1^2 Y} \right)^j$$
$$= \sum_{i,j} \tau(a_{ij}) Y_1^i (qt)^j (1-Y_1)^j (Y_1^2 Y)^{n-j}$$
$$= \sum_{i,j} \tau(a_{i,n-j}) Y_1^i (qt)^{n-j} (1-Y_1)^{n-j} (Y_1^2 Y)^j$$
$$= \sum_{j=0}^{n} (qt)^{n-j} (1-Y_1)^{n-j} Y_1^{2j} \left(\sum_{i=0}^{n} \tau(a_{i,n-j}) Y_1^i \right) Y^j$$

となり，右辺は

$$PF = P \sum_{i,j} a_{ij} Y^i Y_1^j = \sum_{j,i} P a_{ji} Y^j Y_1^i = \sum_{j=0}^{n} P \left(\sum_{i=0}^{n} a_{ji} Y_1^i \right) Y^j$$

となる．Y^j の係数を比較して

$$(qt)^{n-j} (1-Y_1)^{n-j} Y_1^{2j} \sum_{i=0}^{n} \tau(a_{i,n-j}) Y_1^i = P \sum_{i=0}^{n} a_{ji} Y_1^i \quad (0 \leq j \leq n) \quad (7.1)$$

を得る．これを式 $(7.1)_j$ の形で参照する．

$P = p Y_1^n (1-Y_1)^{n/2}, \; p \in L^\times$ と表せることを示そう．式 $(7.1)_n$ は

$$Y_1^{2n} \sum_{i=0}^{n} \tau(a_{i0}) Y_1^i = P \sum_{i=0}^{n} a_{ni} Y_1^i$$

である．$n = \deg_Y F$ より $\sum_{i=0}^{n} a_{ni} Y_1^i \neq 0$ であり，Y_1^{2n} が右辺を割るから，$Y_1^n \mid P$ がわかる．さらに式 $(7.1)_0$ は

$$(qt)^n (1-Y_1)^n \sum_{i=0}^{n} \tau(a_{in}) Y_1^i = P \sum_{i=0}^{n} a_{0i} Y_1^i$$

であり，$\sum_{i=0}^{n} \tau(a_{in})Y_1^i \neq 0$ であるから，$Y_1^n \mid \sum_{i=0}^{n} \tau(a_{in})Y_1^i$ を得る．$a_{nn} \in \{0,1\}$ としていたから，これは $\sum_{i=0}^{n} \tau(a_{in})Y_1^i = Y_1^n$，$a_{nn} = 1$ を意味する．また，$Y_1^n \parallel P$ もわかる．これは $Y_1^n \mid P$ かつ $Y_1^{n+1} \nmid P$ の意である．式 $(7.1)_0$ を改めて書くと

$$(qt)^n (1 - Y_1)^n Y_1^n = P \sum_{i=0}^{n} a_{0i} Y_1^i$$

となるから，$P = pY_1^n (1 - Y_1)^k$，$p \in L^\times$，$0 \leq k \leq n$ と表せる．これにより式 $(7.1)_j$ は

$$(qt)^{n-j}(1 - Y_1)^{n-j} Y_1^{2j} \sum_{i=0}^{n} \tau(a_{i,n-j})Y_1^i = pY_1^n(1 - Y_1)^k \sum_{i=0}^{n} a_{ji} Y_1^i$$

と書ける．$2j < n$ のとき，$Y_1^{n-2j} \mid \sum_{i=0}^{n} \tau(a_{i,n-j})Y_1^i$ となるから $\tau a_{0,n-j} = 0$ である．$2j > n$ のときは $Y_1^{2j-n} \mid \sum_{i=0}^{n} a_{ji}Y_1^i$ となるから $a_{j0} = 0$ である．まとめると，$j > n/2$ に対して $a_{0j} = a_{j0} = 0$ であることがわかる．したがって式 $(7.1)_0$ は

$$(qt)^n (1 - Y_1)^n Y_1^n = pY_1^n (1 - Y_1)^k \sum_{0 \leq i \leq n/2} a_{0i} Y_1^i$$

となり，よって

$$(qt)^n (1 - Y_1)^{n-k} = p \sum_{0 \leq i \leq n/2} a_{0i} Y_1^i$$

が成り立つ．次数を比較して $k \geq n/2$ を得る．また，式 $(7.1)_n$ は

$$Y_1^{2n} \sum_{0 \leq i \leq n/2} \tau(a_{i0})Y_1^i = pY_1^n (1 - Y_1)^k \sum_{i=0}^{n} a_{ni} Y_1^i$$

となり，よって $(1 - Y_1)^k \mid \sum_{0 \leq i \leq n/2} \tau(a_{i0})Y_1^i$ が成り立つ．したがって $k = n/2$ を得る．

　さらに詳しく係数をみていこう．$k = n/2 \in \mathbb{Z}_{>0}$ とおく．式 $(7.1)_0$ より

$$(qt)^n (1 - Y_1)^k = p \sum_{i=0}^{k} a_{0i} Y_1^i$$

を得るから，Y_1^0 と Y_1^k の係数をそれぞれ比較すると

$$(qt)^n = pa_{00}, \tag{7.2}$$

$$(qt)^n(-1)^k = pa_{0k} \tag{7.3}$$

がわかる．また，式 $(7.1)_n$ より

$$Y_1^n \sum_{i=0}^{k} \tau(a_{i0})Y_1^i = p(1-Y_1)^k \sum_{i=0}^{n} a_{ni}Y_1^i$$

を得るから，$Y_1^n = \sum_{i=0}^{n} a_{ni}Y_1^i$ がわかり，

$$\sum_{i=0}^{k} \tau(a_{i0})Y_1^i = p(1-Y_1)^k$$

となる．係数比較により

$$\tau a_{00} = p, \tag{7.4}$$

$$\tau a_{k0} = p(-1)^k \tag{7.5}$$

を得る．さらに式 $(7.1)_k$ は

$$(qt)^k(1-Y_1)^kY_1^n \sum_{i=0}^{n} \tau(a_{ik})Y_1^i = pY_1^n(1-Y_1)^k \sum_{i=0}^{n} a_{ki}Y_1^i$$

であるから

$$(qt)^k \sum_{i=0}^{n} \tau(a_{ik})Y_1^i = p \sum_{i=0}^{n} a_{ki}Y_1^i$$

が成り立ち，よって

$$(qt)^k\tau(a_{0k}) = pa_{k0} \tag{7.6}$$

がわかる．式 (7.2)，(7.3) より $a_{0k} = (-1)^k a_{00}$ を，式 (7.4)，(7.5) より $\tau a_{k0} = (-1)^k \tau a_{00}$ を得る．式 (7.6) をあわせると

$$p = \frac{(qt)^k \tau a_{00}}{a_{00}}$$

となり，よって

$$\tau(p)p = \frac{(q^2 t)^k \tau^2 a_{00}}{\tau a_{00}} \cdot \frac{(qt)^k \tau a_{00}}{a_{00}} = (q^3 t^2)^k \frac{\tau^2 a_{00}}{a_{00}}$$

148 第 7 章 差分方程式の既約性

である．一方，式 (7.2), (7.4) より

$$\tau(p)p = \tau^2(a_{00})\frac{(qt)^n}{a_{00}} = (q^2t^2)^k\frac{\tau^2 a_{00}}{a_{00}}$$

であるから，$q^k = 1$ が成り立つ．これは q が 1 のベキ根でないことに反する．□

定理 7.15 $q \in C^\times$ は 1 のベキ根でないとする．q-$\mathrm{P}(A_7)$ は $\mathcal{K}$ の分解可能拡大の中に $C(t)$ 上超越的な解をもたない．

証明 分解可能拡大 $\mathcal{D}/\mathcal{K}$ の中に解 f をもつと仮定すると，補題 7.14 より，$\mathcal{K}\langle f \rangle$ の任意の差分拡大体 $\mathcal{U} = (U, \tau)$ と $\mathcal{U}/\mathcal{K}$ の任意の差分中間体 $\mathcal{L}$ に対して，

$$\mathrm{tr.\,deg}\,L(f, \tau f, \cdots)/L \leq 1 \Longrightarrow \mathrm{tr.\,deg}\,L(f)/L = 0$$

が成り立つ．したがって補題 7.13 より $\mathrm{tr.\,deg}\,C(t, f)/C(t) = 0$ であり，f は $C(t)$ 上代数的である．□

7.4 万有拡大

定義 7.1 に現れる微分体は，実はすべて次の特別な $\mathcal{K}$ 上の微分拡大体の中にあるものとして考えている．そのため $\mathcal{LM}$ のようなものが正当化される．このような議論の仕方は，とりあえず代数閉包を固定しておくのと似ている．

定義 7.16 微分拡大 $\mathcal{U}/\mathcal{K}$ が $\mathcal{K}$ の**万有拡大** (universal extension) であるとは，「$\mathcal{U}$ に含まれる任意の有限生成微分拡大 $\mathcal{K}_1/\mathcal{K}$ と，任意の有限生成微分拡大 $\mathcal{L}/\mathcal{K}_1$ に対して，$\mathcal{L}$ から $\mathcal{U}$ の中への $\mathcal{K}_1$ 上の[8]微分同型が存在する」ことである．

万有拡大の定義と存在証明は Kolchin による [12, 17]．この拡大は大変便利なものであるが，差分体に対しては全く存在しないことが証明できてしまう [20].

---

[8] $\mathcal{K}_1$ 上恒等的の意.

定理 7.17　差分拡大 $\mathcal{U}/\mathcal{K}$ であって,「$\mathcal{U}$ に含まれる任意の有限生成差分拡大 $\mathcal{K}_1/\mathcal{K}$ と,任意の有限生成差分拡大 $\mathcal{L}/\mathcal{K}_1$ に対して,$\mathcal{L}$ から $\mathcal{U}$ の中への $\mathcal{K}_1$ 上の[9]差分同型が存在する」ようなものは存在しない.

証明　そのような差分拡大 $\mathcal{U}/\mathcal{K}$ があったとする.$\mathcal{U} = (U, \tau)$ と表す.x を不定元とし,$\tau|_K$ の $K(x)$ への拡張 τ' を $\tau'x = x$ により定めると,$(K(x), \tau')$ は $\mathcal{K}$ の差分拡大体になる.$\mathcal{U}/\mathcal{K}$ の性質より,$(K(x), \tau')$ から $\mathcal{U}$ の中への $\mathcal{K}$ 上の差分同型 ϕ が存在する.$y = \phi(x)$ とおくと,$\phi(K(x)) = K(y)$ であり,

$$\tau y = \tau \circ \phi(x) = \phi \circ \tau'(x) = \phi(x) = y$$

が成り立つ.続いて $z^2 = y$ をみたす z をとる.z は K 上超越的である.$\tau|_K$ の $K(z)$ への拡張 τ_1, τ_2 をそれぞれ $\tau_i z = (-1)^{i-1} z$ により定めると,$(K(z), \tau_i)$ は差分体であり,

$$\tau_i y = (\tau_i z)^2 = z^2 = y$$

より $(K(y), \tau)$ の差分拡大体である.$\mathcal{U}/\mathcal{K}$ の性質より $(K(z), \tau_i)$ から $\mathcal{U}$ の中への $(K(y), \tau)$ 上の差分同型 ϕ_i $(i = 1, 2)$ が存在する.

$$(\phi_i(z))^2 = \phi_i(z^2) = \phi_i(y) = y$$

より $w = \phi_1(z)$ とおくと $(\phi_2(z))^2 = w^2$ であり,$\phi_2(z) = (-1)^k w$ と表せる.以上をあわせて計算すると,

$$\tau w = \tau \circ \phi_1(z) = \phi_1 \circ \tau_1(z) = \phi_1(z) = w$$

となる一方,

$$\tau w = (-1)^k \tau(\phi_2(z)) = (-1)^k \phi_2 \circ \tau_2(z) = (-1)^k \phi_2(-z)$$
$$= (-1)^k (-1)(-1)^k w = -w$$

ともなる.これはありえない.　　　　□

---

[9]　K_1 上恒等的の意.

第 8 章

差分 Picard-Vessiot 理論

差分 Picard-Vessiot 理論について van der Put と Singer の著書 [41] にそっ
て解説する[1]. 8.2 節, 8.3 節, 8.4 節では差分環はすべて可逆とする. また, van
der Put-Singer [41] においては環や体の標数に制限はないが, ここでは特に断
らない限り標数はすべて 0 とする.

8.1　準備

K を体（標数は 0 でなくてもよい）とし, $X_1, \cdots, X_n$ を変数（不定元）と
する. 有限個の多項式

$$f_1(X_1, \cdots, X_n), \cdots, f_s(X_1, \cdots, X_n) \in K[X_1, \cdots, X_n]$$

の共通零点の集合

$$V = \{(x_1, \cdots, x_n) \in K^n \mid f_i(x_1, \cdots, x_n) = 0 \ (i = 1, \cdots, s)\}$$

を $f_1, \cdots, f_s$ によって定義される**代数的集合**という. k を K の部分体とする.
$S \subset k[X_1, \cdots, X_n]$ に対して

$$V_K(S) = \{(x_1, \cdots, x_n) \in K^n \mid$$

$$任意の \ f \in S \ に対して \ f(x_1, \cdots, x_n) = 0\}$$

と表す. $V_K(S)$ を単に $V(S)$ と表すことも多い. S で生成される $k[X_1, \cdots, X_n]$
のイデアルを I とすると $V(S) = V(I)$ であり, I は有限生成イデアルであるか

---

[1] ただし, 彼らの証明には不備や誤りがあるため, 必要な修正をほどこしていく. 誤り
については Singer に直接確認をとった. 本章の内容は標数 0 の場合に限り修正したもの
で, 西岡久美子のノートにもとづく.

ら $V(S)$ は代数的集合である. このとき $V(S)$ は k 上定義されるという. V が K^n の部分集合のとき

$$I_k(V) = \{f \in k[X_1, \cdots, X_n] \mid$$

$$任意の (x_1, \cdots, x_n) \in V に対して f(x_1, \cdots, x_n) = 0\}$$

とおく. $I_k(V)$ は $k[X_1, \cdots, X_n]$ の根基イデアルである. ここでイデアル I が**根基イデアル**であるとは I の根基 $\sqrt{I}$ が I と一致することをいう. V が k 上定義された代数的集合なら $V_K(I_k(V)) = V$ である. このとき $k[X_1, \cdots, X_n]/I_k(V)$ を V の k 上の**関数環**という.

定理 8.1 (ヒルベルトの零点定理)[2] k は体, K は k を含む代数閉体とする. $k[X_1, \cdots, X_n]$ のイデアル J に対して $I_k(V_K(J)) = \sqrt{J}$ である.

これより K が代数閉体なら k 上定義された代数的集合全体と $k[X_1, \cdots, X_n]$ の根基イデアル全体は 1 対 1 に対応することがわかる. 次の定理は標数 0 の体に特徴的な性質である.

定理 8.2 (秋月, 中井, 永田 [1], p.2, 定理 D) $k \subset k'$ はともに標数 0 の体とする. $J \subset k[X_1, \cdots, X_n]$ が根基イデアルなら J の $k'[X_1, \cdots, X_n]$ への拡張 $k'J$ も根基イデアルである.

一般線形群 $\mathrm{GL}_n(K)$ は $(a_{ij}) \in \mathrm{GL}_n(K)$ に対して

$$(a_{11}, \cdots, a_{1n}, \cdots, a_{n1}, \cdots, a_{nn}, \det(a_{ij})^{-1}) \in K^{n^2+1}$$

を対応させることにより $V_K(\det(X_{ij})Y - 1) \subset K^{n^2+1}$ と同一視することができる. ここで $X_{11}, \cdots, X_{1n}, \cdots, X_{n1}, \cdots, X_{nn}, Y$ は変数である. したがって $\mathrm{GL}_n(K)$ は代数的集合である. $\det(X_{ij})Y - 1$ は既約多項式であるから $(\det(X_{ij})Y - 1) \subset k[\{X_{ij}\}_{ij}, Y]$ は素イデアルであり, $\mathrm{GL}_n(K)$ の k 上の関数環は

$$k[\{X_{ij}\}_{ij}, Y]/(\det(X_{ij})Y - 1) \cong k[\{X_{ij}\}_{ij}, \det(X_{ij})^{-1}]$$

---

[2] 秋月, 中井, 永田 [1], p.18, 定理 13

である. φ を $k[\{X_{ij}\}, Y]$ から $k[\{X_{ij}\}, \det(X_{ij})^{-1}]$ への自然な準同型写像とする. I が $k[\{X_{ij}\}, \det(X_{ij})^{-1}]$ のイデアルなら $\varphi^{-1}(I)$ は $(\det(X_{ij})Y - 1)$ を含むイデアルである. この対応で $k[\{X_{ij}\}, Y]$ の $(\det(X_{ij})Y - 1)$ を含むイデアル全体と $k[\{X_{ij}\}, \det(X_{ij})^{-1}]$ のイデアル全体は 1 対 1 に対応する. I が根基イデアルであることと $\varphi^{-1}(I)$ が根基イデアルであることとは同値である. $V_K(\varphi^{-1}(I)) \subset \mathrm{GL}_n(K)$ を $V_K(I)$ と表すことにする. $\mathrm{GL}_n(K)$ の部分集合を V とし, $V \subset \mathrm{GL}_n(K) \subset K^{n^2+1}$ と考えると, $I_k(V) \supset (\det(X_{ij})Y - 1)$ である. $\varphi(I_k(V)) \subset k[\{X_{ij}\}, \det(X^{ij})^{-1}]$ を $I_k(V)$ と表すことにする. K が代数閉体なら $\mathrm{GL}_n(K)$ に含まれる k 上定義された代数的集合全体と $k[\{X_{ij}\}, \det(X_{ij})^{-1}]$ の根基イデアル全体は 1 対 1 に対応する.

定理 8.1 から次の定理が従う.

定理 8.3 K は k を含む代数閉体とする. I が $k[\{X_{ij}\}_{ij}, \det(X_{ij})^{-1}]$ のイデアルなら $I_k(V_K(I)) = \sqrt{I}$ である.

定理 8.4 $k \subset k'$ はともに標数 0 の体とする. I が $k[\{X_{ij}\}_{ij}, \det(X_{ij})^{-1}]$ の根基イデアルなら, I の $k'[\{X_{ij}\}_{ij}, \det(X_{ij})^{-1}]$ への拡張 $k'I$ も根基イデアルである.

証明 φ を $k'[\{X_{ij}\}, Y]$ から $k'[\{X_{ij}\}, \det(X_{ij})^{-1}]$ への自然な準同型写像とする. $\varphi^{-1}(k'I) = k'\varphi^{-1}(I)$ であることと, 定理 8.2 より $k'I$ が根基イデアルであることが従う. $\qquad\square$

定理 8.5 $C \subset K$ とし, C と K はともに代数閉体であるとする. $J \subset C[\{X_{ij}\}_{ij}, \det(X_{ij})^{-1}]$ を根基イデアルとし, $W = V_C(J)$, $W(K) = V_K(J)$ とおくと $I_K(W) = I_K(W(K))$ である.

証明 $W \subset W(K)$ であるから $I_K(W(K)) \subset I_K(W)$ である. 逆を示そう. K の C 上の基底を $\{\alpha_i\}_{i \in \Lambda}$ とすると, $K[\{X_{ij}\}, \det(X_{ij})^{-1}]$ の元 F は

$$F = \sum_{i \in \Lambda} \alpha_i f_i, \quad f_i \in C[\{X_{ij}\}, \det(X_{ij})^{-1}]$$

と表せる. $B \in W$ に対して $f_i(B) \in C$ であるから

$$\sum_{i \in \Lambda} \alpha_i f_i(B) = 0 \Longleftrightarrow \text{任意の } i \in \Lambda \text{ に対して } f_i(B) = 0$$

が成り立つ. $F = \sum_{i \in \Lambda} \alpha_i f_i \in I_K(W)$ なら $f_i \in I_C(W) = J \ (i \in \Lambda)$ となり $F \in KJ$ である. したがって $B \in W(K)$ なら $F(B) = 0$ となり $F \in I_K(W(K))$ を得る. $\qquad \square$

8.2 Picard-Vessiot 環

章の冒頭で述べたように, 本節以降では差分環と差分体は可逆とする. また, 変換作用素を単項演算子とみなし, その記号を ϕ とする. 差分環 R に対しても $C_R = \{c \in R \mid \phi(c) = c\}$ の元を**不変元**という. $\phi(I) \subset I$ をみたす R のイデアル I を**差分イデアル**という. 差分イデアルが (0) と R だけのとき R を**単純差分環**という.

$A \in \mathrm{GL}_n(R)$ に対して

$$\phi Y = AY, \quad Y = \begin{pmatrix} y_1 \\ \vdots \\ y_n \end{pmatrix}$$

を 1 階線形差分方程式系という.

定義 8.6 $U \in \mathrm{GL}_n(R)$ が $\phi U = AU$ をみたすとき, U を $\phi Y = AY$ の**基本行列**という. U, V が $\phi Y = AY$ の基本行列なら $\phi(U^{-1}V) = U^{-1}V$ であるから $V = UM$ をみたす $M \in \mathrm{GL}_n(C_R)$ が存在する.

定義 8.7 k を差分体とし, $A \in \mathrm{GL}_n(k)$ とする. 差分環 R が $\phi Y = AY$ の k 上の PV 環であるとは, 次の (1) から (4) が成り立つことである.

(1) R は k の差分拡大環である.

(2) R は単純差分環である.

(3) $\phi Y = AY$ の基本行列 $U = (u_{ij}) \in \mathrm{GL}_n(R)$ がある.

(4) R は環として k 上 u_{ij} $(1 \leq i, j \leq n)$ と $\det(u_{ij})^{-1}$ で生成される. 記号で表せば $R = k[\{u_{ij}\}_{ij}, \det(u_{ij})^{-1}]$ である.

定理 8.8 (a) R が単純差分環なら C_R は体である. (b) I が R の極大差分イデアルなら I は根基イデアルである. また $\phi(I) = I$ が成り立つ. これより $\phi \colon R/I \to \phi R/\phi I = R/I$ とおくと R/I はこの ϕ により差分環である.

証明 (a) $0 \neq c \in C_R$ なら cR は差分イデアルである. R は単純差分環であるから $cR = R$ でなければならない. したがって $cd = 1$ となる $d \in R$ が存在する. $d \in C_R$ となることを示す. $\phi(c)\phi(d) = 1$ より $c\phi(d) = 1$ である. したがって $dc\phi(d) = d$ となり $\phi(d) = d$ である. 以上より C_R は体である.

(b) $x^n \in I$ なら $(\phi(x))^n \in \phi I \subset I$ となるから $\sqrt{I}$ は差分イデアルである. I は極大差分イデアルであるから $\sqrt{I} = I$ がわかる. $\phi^{-1}(I)$ は差分イデアルであるから, $I \subset \phi^{-1}(I)$ より $I = \phi^{-1}(I)$ を得る. したがって $\phi(I) = I$ が成り立つ. $\square$

定理 8.9 差分環 R は差分体 k の差分拡大環であって, R は k 代数として有限生成であるものとする. このとき $C = C_k$ が代数閉体で, かつ R が単純差分環なら, $C_R = C$ である.

証明 $\sqrt{(0)} \subset R$ は R の差分イデアルであるから $\sqrt{(0)} = (0)$ である. (0) は根基イデアルであり, R はネーター環であるから,

$$(0) = \mathfrak{p}_1 \cap \cdots \cap \mathfrak{p}_r, \quad \mathfrak{p}_i \not\subset \mathfrak{p}_j \ (i \neq j)$$

と素イデアル分解される. $k \subset R/\mathfrak{p}_i$ とみなせる. $b \in C_R \setminus C$ が存在すると仮定して矛盾を導く. C は代数閉体であるから b は C 上超越的である. このとき b は k 上超越的である. なぜなら b が k 上代数的なら b の k 上の最小多項式の係数に ϕ をほどこしたものも b の最小多項式であり, よって係数は C の元でなければならないから b が C 上超越的であることに矛盾する.

$b + \mathfrak{p}_i \in R/\mathfrak{p}_i$ を $b^{(i)}$ と表す. $b^{(i)}$ がすべて k 上代数的なら

$$f_i(b^{(i)}) = 0, \quad 0 \neq f_i \in k[X] \quad (i = 1, \cdots, r)$$

をみたす f_i が存在する. このとき $f_i(b) \in \mathfrak{p}_i$ $(i = 1, \cdots, r)$ である. $F = f_1 \cdots f_r$ とおくと

$$F(b) \in \mathfrak{p}_1 \cap \cdots \cap \mathfrak{p}_r = (0)$$

となり b が k 上超越的であることに反する. したがって $b^{(1)} \in R/\mathfrak{p}_1$ は k 上超越的であると仮定してよい. 西岡久美子 [17], 命題 1.11[3])より $c \in \mathbb{Q}$ が存在して $(b^{(1)} - c)^{-1} \notin R/\mathfrak{p}_1$ となる. R は単純差分環であるから $R(b - c) = R$ であり, $(b - c)g = 1$ となる $g \in R$ が存在する. したがって $(b^{(1)} - c)g^{(1)} = 1$ となり矛盾. $\square$

PV 拡大の存在

以下では k を差分体とし, $C = C_k$ は代数閉体とする. 差分方程式

$$\phi Y = AY, \quad A \in \mathrm{GL}_n(k)$$

を考える. X_{ij} $(1 \leq i, j \leq n)$ を変数とする.

$$S = k[\{X_{ij}\}_{ij}, \det(X_{ij})^{-1}], \quad \phi(X_{ij}) = A(X_{ij})$$

とおくと S は k の差分拡大環となる. I を S の極大差分イデアルとすると S/I は $\phi Y = AY$ の k 上の PV 環になる. R_1, R_2 は差分体 k の差分拡大環であるとする. R_1 から R_2 への k 上の環準同型写像 φ が $\varphi(\phi(x)) = \phi(\varphi(x))$ をみたすとき, φ を k **差分準同型写像**という. φ が全単射写像であるとき R_1 と R_2 は k **差分同型**であるという.

定理 8.10 R_1, R_2 が $\phi Y = AY$ の k 上の PV 環なら, R_1 と R_2 は k 差分同型である.

証明 $R_1 \underset{k}{\otimes} R_2$ において $\phi(r_1 \otimes r_2) = \phi(r_1) \otimes \phi(r_2)$ と定義すると, この ϕ により $R_1 \underset{k}{\otimes} R_2$ は k の差分拡大環である. $R_1 \underset{k}{\otimes} R_2$ の極大差分イデアル I をとり,

---

[3]) F を標数 0 の体, $R = F[t_1, \cdots, t_n]$ を F 上有限生成な整域とする. $x \in R$ が F 上超越的なら, $(x - c)^{-1} \notin R$ となるような $c \in \mathbb{Q}$ がある.

156　第 8 章　差分 Picard-Vessiot 理論

$$R_3 = R_1 \underset{k}{\otimes} R_2/I$$

とおく．$\varphi_1 \colon R_1 \to R_3$, $\varphi_2 \colon R_2 \to R_3$ を

$$\varphi_1(r_1) = \overline{r_1 \otimes 1}, \quad \varphi_2(r_2) = \overline{1 \otimes r_2}$$

と定めると，R_1, R_2 は単純差分環であるから，φ_1, φ_2 は単射である．U, V をそれぞれ R_1, R_2 における基本行列とする．$R_1 \subset R_3$, $R_2 \subset R_3$ と考えれば，定理 8.9 より $C_{R_3} = C$ であるから，$U^{-1}V \in \mathrm{GL}_n(C)$ である．したがって $R_1 = R_2$ である． $\square$

I は $S = k[\{X_{ij}\}_{ij}, \det(X_{ij})^{-1}]$ の極大差分イデアルとする．

$$Z = Z(\overline{k}) = V_{\overline{k}}(I) \subset \mathrm{GL}_n(\overline{k}),$$

$$\mathcal{O}(Z) = k[\{X_{ij}\}_{ij}, \det(X_{ij})^{-1}]/I$$

とおく．$\overline{X}_{ij} = x_{ij}$ とおくと，$\mathcal{O}(Z) = k[\{x_{ij}\}, \det(x_{ij})^{-1}]$ である．$\mathcal{O}(Z)[\{X_{ij}\}$, $\det(X_{ij})^{-1}]$ の中で $(X_{ij}) = (x_{ij})(Y_{ij})$ とおくと，$\phi(Y_{ij}) = (Y_{ij})$ が成り立つ．また，

$$I \subset k[\{X_{ij}\}, \det(X_{ij})^{-1}] \subset \mathcal{O}(Z) \underset{k}{\otimes} k[\{X_{ij}\}, \det(X_{ij})^{-1}]$$

$$\cong \mathcal{O}(Z)[\{X_{ij}\}, \det(X_{ij})^{-1}]$$

$$= \mathcal{O}(Z)[\{Y_{ij}\}, \det(Y_{ij})^{-1}]$$

$$\cong \mathcal{O}(Z) \underset{C}{\otimes} C[\{Y_{ij}\}, \det(Y_{ij})^{-1}]$$

$$\supset C[\{Y_{ij}\}, \det(Y_{ij})^{-1}]$$

であり，ϕ は $C[\{Y_{ij}\}, \det(Y_{ij})^{-1}]$ 上恒等写像である．

$$(I) = \mathcal{O}(Z) \underset{k}{\otimes} I = \mathcal{O}(Z)I$$

$$J = (I) \cap C[\{Y_{ij}\}, \det(Y_{ij})^{-1}]$$

とおくと $\phi((I)) = (I)$ であるから，次の補題より $(I) = (J)$ である．

補題 8.11　R は単純差分環とし，$C_R = C$ とおく．また，A は C の差分拡

大環であって，ϕ が A 上恒等写像となるものとし，N は $R\underset{C}{\otimes}A$ のイデアルで
あって $\phi N = N$ が成り立つものとする．このとき N は $N\cap A$ で生成される．

証明　$J = N\cap A$ とおくとき $N = (J)$ を示せばよい．$(J) = R\underset{C}{\otimes}J$ であ
る．J の C 上の基底を $\{e_h\}_{h\in H}$ とする．これを拡張して A の C 上の基底
$\{e_h\}_{h\in H}\cup\{a_i\}_{i\in L}$ を作る．(J) の元は

$$\sum_{h\in H} d_h\otimes e_h, \quad d_h\in R$$

と表せる．N の元であって (J) の元でないもの g があると仮定して矛盾を導く．

$$g = \sum_{j\in\Lambda} b_j\otimes a_j, \quad 0\neq b_j\in R,\ \Lambda\subset L$$

と表されるとしてよい．このようなもののうち g は Λ の個数 $|\Lambda|$ が最小なもの
とする．$i\in\Lambda$ を 1 つ固定する．

$$\left\{ b\in R \ \middle|\ b\otimes a_i + \sum_{j\in\Lambda\setminus\{i\}} c_j\otimes a_j \in N\ \text{となる}\ c_j\in R\ \text{がある}\right\}$$

は R の差分イデアルであり b_i を含む．R は単純差分環であるから，このイデ
アルは R に一致する．したがって，これは 1 を含むから

$$f = 1\otimes a_i + \sum_{j\in\Lambda\setminus\{i\}} c_j\otimes a_j \in N$$

となる $c_j\in R$ が存在する．

$$\phi f - f = \sum_{j\in\Lambda\setminus\{i\}} (\phi c_j - c_j)\otimes a_j \in N$$

となるが，$|\Lambda|$ の最小性より $\phi f - f\in(J)$ であり，よって

$$\phi f - f = \sum_{h\in H} d_h\otimes e_h$$

となる．$\{1\otimes e_h\}_{h\in H}\cup\{1\otimes a_i\}_{i\in L}$ は R 上 1 次独立であるから $\phi c_j - c_j = 0$
$(j\in\Lambda\setminus\{i\})$ である．したがって $c_j\in C_R = C$ であり

$$f = 1\otimes a_i + \sum_{j\in\Lambda\setminus\{i\}} 1\otimes c_j a_j \in N\cap A = J$$

158 第 8 章 差分 Picard-Vessiot 理論

となるが, $a_i + \sum\limits_{j \in \Lambda \setminus \{i\}} c_j a_j \notin J$ であるから矛盾. □

補題 8.12 上の記号の下で, J は根基イデアルである.

証明

$$\mathcal{O}(Z) \underset{k}{\otimes} \mathcal{O}(Z) = \mathcal{O}(Z) \underset{k}{\otimes} (k[\{X_{ij}\}, \det(X_{ij})^{-1}]/I)$$

$$\cong \mathcal{O}(Z) \underset{k}{\otimes} k[\{X_{ij}\}, \det(X_{ij})^{-1}]/(I)$$

$$\cong \mathcal{O}(Z) \underset{C}{\otimes} C[\{Y_{ij}\}, \det(Y_{ij})^{-1}]/(J)$$

$$\cong \mathcal{O}(Z) \underset{C}{\otimes} (C[\{Y_{ij}\}, \det(Y_{ij})^{-1}]/J)$$

である. $\mathcal{O}(Z) \underset{k}{\otimes} \mathcal{O}(Z)$ のベキ零元は 0 であることを示せば $C[\{Y_{ij}\}, \det(Y_{ij})^{-1}]/J$ のベキ零元も 0 なので J は根基イデアルであることがわかる. $I = \mathfrak{p}_1 \cap \cdots \cap \mathfrak{p}_r$ を I の素イデアル分解とし, K_i を $S/\mathfrak{p}_i$ の商体とすると

$$\mathcal{O}(Z) = S/I \hookrightarrow S/\mathfrak{p}_1 \oplus \cdots \oplus S/\mathfrak{p}_r \subset K_1 \oplus \cdots \oplus K_r$$

である.

$$\mathcal{O}(Z) \underset{k}{\otimes} \mathcal{O}(Z) \subset \bigoplus_{i=1}^{r} K_i \underset{k}{\otimes} \mathcal{O}(Z)$$

$$= \bigoplus_{i=1}^{r} K_i \underset{k}{\otimes} (k[\{X_{ij}\}, \det(X_{ij})^{-1}]/I)$$

$$\cong \bigoplus_{i=1}^{r} K_i[\{X_{ij}\}, \det(X_{ij})^{-1}]/K_i I$$

が成り立つ. 定理 8.4 より $K_i I$ は根基イデアルであるから, $K_i[\{X_{ij}\}, \det(X_{ij})^{-1}]/K_i I$ のベキ零元は 0 だけである. したがって $\mathcal{O}(Z) \underset{k}{\otimes} \mathcal{O}(Z)$ のベキ零元も 0 だけである. □

8.3 ガロワ群

$B \in \mathrm{GL}_n(C)$ とする.

$$\sigma_B \colon \mathcal{O}(Z)[\{X_{ij}\}, \det(X_{ij})^{-1}] \to \mathcal{O}(Z)[\{X_{ij}\}, \det(X_{ij})^{-1}]$$

を $\mathcal{O}(Z)$ 上では恒等写像であり $\sigma_B(X_{ij}) = (X_{ij})B$ となるように定める. σ_B は自己同型写像である. $\sigma_B(x_{ij}) = (x_{ij})$ であるから $\sigma_B(Y_{ij}) = (Y_{ij})B$ である. $\sigma_B \phi = \phi \sigma_B$ が成り立つ. これは $\mathcal{O}(Z)$ と $C[\{Y_{ij}\}, \det(Y_{ij})^{-1}]$ 上で成り立つことからわかる. また $f \in k[\{X_{ij}\}, \det(X_{ij})^{-1}]$ と $(z_{ij}) \in \mathrm{GL}_n(\overline{k})$ に対して

$$(\sigma_B f)((z_{ij})) = f((z_{ij})B)$$

が成り立つ.

補題 8.13 $B \in \mathrm{GL}_n(C)$ に対して

$$B \in V_C(J) \Longleftrightarrow \sigma_B I = I$$

が成り立つ. したがって $V_C(J)$ は $\mathrm{GL}_n(C)$ の部分代数群である.

証明 ($\Leftarrow$) $\sigma_B I = I$ とすると $\sigma_B(I) = (I)$ である. $f((Y_{ij})) \in J$ なら $f((Y_{ij})) \in (I)$ であるから

$$f((x_{ij})^{-1}(X_{ij})B) = f((Y_{ij})B) = \sigma_B f((Y_{ij})) \in (I)$$

である. X_{ij} に x_{ij} を代入して $f(B) = 0$ を得る. したがって $B \in V_C(J)$ である.

($\Rightarrow$) $B \in V_C(J)$ とする. $g \in I$ のとき $\sigma_B g \in I$ となることを示す. $(I) = (J)$ であるから

$$g((X_{ij})) = \sum \alpha_l f_l((Y_{ij})), \quad \alpha_l \in \mathcal{O}(Z),\ f_l((Y_{ij})) \in J$$

と表せる. σ_B をほどこして

$$g((X_{ij})B) = \sum \alpha_l f_l((Y_{ij})B) = \sum \alpha_l f_l((x_{ij})^{-1}(X_{ij})B)$$

となる. X_{ij} に x_{ij} を代入すれば右辺は 0 になるので $\sigma_B g \in I$ を得る. したがって $\sigma_B I \subset I$ となり,

$$I \subset \sigma_B^{-1} I \subset \sigma_B^{-2} I \subset \cdots$$

となるが, $k[\{X_{ij}\}, \det(X_{ij})^{-1}]$ はネーター環であるから $I = \sigma_B I$ である. $\square$

160   第 8 章 差分 Picard-Vessiot 理論

定理 8.14 $B \in V_C(J)$ に対して σ_B は $R = k[\{X_{ij}\}, \det(X_{ij})^{-1}]/I$ の k 上の差分自己同型を与える. これも σ_B と表す. B に σ_B を対応させることにより $V_C(J)$ は R の k 上の差分自己同型全体の作る群 $\mathrm{Gal}(R/k)$ と同一視される.

証明 前半の主張は補題 8.13 よりわかる. 逆に $\sigma \in \mathrm{Gal}(R/k)$ とすると $\sigma(x_{ij})$ も $\phi Y = AY$ の基本行列であるから, $(x_{ij})^{-1}\sigma(x_{ij}) = B$ とおくと $B \in \mathrm{GL}_n(C)$ である. $\sigma_B I = I$ となることを示す. $f \in I$ なら

$$(\sigma_B f)((x_{ij})) = f((x_{ij})B) = f(\sigma(x_{ij})) = \sigma(f((x_{ij}))) = 0$$

となり $\sigma_B f \in I$ である. したがって $\sigma_B I \subset I$ となり, $\sigma_B I = I$ を得る. 補題 8.13 より $B \in V_C(J)$ であり, $\sigma = \sigma_B$ である. $\square$

$G = V_C(J)$, $G(\overline{k}) = V_{\overline{k}}(J)$ とおく.

$$\mathcal{O}(G) = C[\{Y_{ij}\}, \det(Y_{ij})^{-1}]/J,$$

$$\mathcal{O}(G_k) = k[\{Y_{ij}\}, \det(Y_{ij})^{-1}]/kJ$$

とおくと

$$\begin{aligned}
\mathcal{O}(Z) \underset{k}{\otimes} \mathcal{O}(Z) &= \mathcal{O}(Z) \underset{k}{\otimes} (k[\{X_{ij}\}, \det(X_{ij})^{-1}]/I) \\
&\cong \mathcal{O}(Z)[\{X_{ij}\}, \det(X_{ij})^{-1}]/(I) \\
&= \mathcal{O}(Z)[\{Y_{ij}\}, \det(Y_{ij})^{-1}]/(J) \\
&\cong \mathcal{O}(Z) \underset{C}{\otimes} (C[\{Y_{ij}\}, \det(Y_{ij})^{-1}]/J) \\
&= \mathcal{O}(Z) \underset{C}{\otimes} \mathcal{O}(G) \\
&\cong \mathcal{O}(Z) \underset{k}{\otimes} (k \underset{C}{\otimes} \mathcal{O}(G)) \\
&\cong \mathcal{O}(Z) \underset{k}{\otimes} \mathcal{O}(G_k)
\end{aligned}$$

である. この $\mathcal{O}(Z) \underset{k}{\otimes} \mathcal{O}(Z)$ から $\mathcal{O}(Z) \underset{k}{\otimes} \mathcal{O}(G_k)$ への k 同型は $Z(\overline{k}) \times G(\overline{k})$ から $Z(\overline{k}) \times Z(\overline{k})$ への k 上定義された双正則写像 φ を与える. X_{ij}, Y_{ij} の $(I) = (J)$ を法とする剰余類を $\overline{X}_{ij}, \overline{Y}_{ij}$ と表すと, $(\overline{X}_{ij}) = (x_{ij})(\overline{Y}_{ij})$ であるから $\varphi(z, g) = (z, zg)$ である. $z_0 \in Z(\overline{k})$ とする. φ は全単射であるから $\varphi(z_0, \ )$ は

$G(\overline{k})$ から $Z(\overline{k})$ への全単射を与える. したがって $z_0 G(\overline{k}) = Z(\overline{k})$ であり, $g_1 \neq g_2$ なら $z_0 g_1 \neq z_0 g_2$ である.

定理 8.15 R の $\mathrm{Gal}(R/k)$ 不変な元全体は k に一致する.

証明 $f \in R = \mathcal{O}(Z)$ は $Z(\overline{k})$ 上の正則関数である. f が $\mathrm{Gal}(R/k)$ 不変なら, 任意の $B \in G = V_C(J)$ に対して $\sigma_B f = f$ であるから, $z_0 \in Z(\overline{k})$ に対して

$$(\sigma_B f)(z_0) = f(z_0 B) = f(z_0)$$

が成り立つ. したがって $f(z_0(Y_{ij})) - f(z_0) \in I_{\overline{k}}(G)$ である. 定理 8.5 より $f(z_0(Y_{ij})) - f(z_0) \in I_{\overline{k}}(G(\overline{k}))$ となり, 任意の $B \in G(\overline{k})$ に対して $f(z_0 B) = f(z_0)$ が成り立つ. $z_0 G(\overline{k}) = Z(\overline{k})$ であるから f は $Z(\overline{k})$ 上定数である. $f(z_0) = c \in \overline{k}$ とおき, $\sigma \in \mathrm{Aut}(\overline{k}/k)$ とする. $\sigma(z_0) \in Z(\overline{k})$ であるから

$$\sigma(c) = \sigma(f(z_0)) = f(\sigma(z_0)) = c$$

となり $c \in k$ であることがわかる. $f - c \in \mathcal{O}(Z)$ は $Z(\overline{k})$ 上 0 であるから $f - c = 0$ である. $\qquad\square$

定理 8.16 R は $\phi Y = AY$ の k 上の PV 環とする. このとき R の直交ベキ等元 $e_0, \cdots, e_{t-1}$ が存在して次をみたす.

(1) $R = R_0 \oplus \cdots \oplus R_{t-1}$, $R_i = Re_i$.

(2) $\phi(e_i) = e_{i+1}$, ここで i は $\bmod\, t$ で考える. ϕ は R_i から R_{i+1} の上への同型を与え, $\phi^t R_i = R_i$, $\phi^t e_i = e_i$ である.

(3) R_i は整域であり, ϕ^t により単純差分環とみなせる. $A_t = \phi^{t-1}(A) \cdots \phi^2(A)$ $\phi(A)A$ とおくと R_i は $\phi^t Y = e_i A_t Y$ の $ke_i(\cong k)$ 上の PV 環である.

証明 R はネーター環であるから

$$(0) = \sqrt{(0)} = \mathfrak{p}_0 \cap \cdots \cap \mathfrak{p}_{t-1}, \quad \mathfrak{p}_i \not\subset \mathfrak{p}_j \ (i \neq j)$$

と素イデアル分解できる. このとき

$$(0) = \phi(\mathfrak{p}_0) \cap \cdots \cap \phi(\mathfrak{p}_{t-1})$$

162 第 8 章 差分 Picard-Vessiot 理論

も (0) の素イデアル分解であるから ϕ は $\{\mathfrak{p}_0, \cdots, \mathfrak{p}_{t-1}\}$ の置換を引き起こす.
d は $\phi^d(\mathfrak{p}_0) = \mathfrak{p}_0$ となる最小の自然数とする.

$$\mathfrak{p}_0 \cap \phi(\mathfrak{p}_0) \cap \cdots \cap \phi^{d-1}(\mathfrak{p}_0)$$

は差分イデアルであり,R は単純であるから (0) に一致する. したがって

$$(0) = \mathfrak{p}_0 \cap \phi(\mathfrak{p}_0) \cap \cdots \cap \phi^{d-1}(\mathfrak{p}_0)$$

も (0) の素イデアル分解である. これより番号を付け替えることにより $\mathfrak{p}_i = \phi^i(\mathfrak{p}_0)$ $(i = 0, \cdots, t-1)$ としてよい. すると $\phi(\mathfrak{p}_i) = \mathfrak{p}_{i+1}$ である. $\phi^t(\mathfrak{p}_i) = \mathfrak{p}_i$ であるから $R/\mathfrak{p}_i$ は ϕ^t を変換作用素にもつ差分環になるが,単純差分環であることを示そう. $\mathfrak{p}_i$ が R の極大な ϕ^t 不変イデアルであることを示せばよい. H は ϕ^t 不変イデアルであって $\mathfrak{p}_i \subset H \subsetneq R$ であるものとする. $J = H \cap \phi(H) \cap \cdots \cap \phi^{t-1}(H)$ とおくと J は ϕ 不変なイデアルであるから $J = (0)$ でなければならない. したがって $J \subset \mathfrak{p}_i$ である. $\mathfrak{p}_i$ は素イデアルであるから $\phi^j(H) \subset \mathfrak{p}_i$ となる j が存在する. $\mathfrak{p}_i \subset H$ であるから $\phi^j(\mathfrak{p}_i) \subset \phi^j(H) \subset \mathfrak{p}_i$ となり $\phi^j(\mathfrak{p}_i) = \mathfrak{p}_i$ である. したがって $j = 0$,すなわち $H \subset \mathfrak{p}_i$ である. 以上により $\mathfrak{p}_i$ が R の極大な ϕ^t 不変イデアルであることが示された.

次に $R_i = R/\mathfrak{p}_i$ とおくと

$$R \hookrightarrow R/\mathfrak{p}_0 \oplus \cdots \oplus R/\mathfrak{p}_{t-1} = R_0 \oplus \cdots \oplus R_{t-1}$$

が全射であることを示す. $i \neq j$ なら $\mathfrak{p}_i + \mathfrak{p}_j$ は ϕ^t 不変イデアルであり $\mathfrak{p}_i$ を真に含むから $\mathfrak{p}_i + \mathfrak{p}_j = R$ である. 中国剰余定理から全射であることがわかる. $R = R_0 \oplus \cdots \oplus R_{t-1}$ と考える. すると直交ベキ等元 $e_0, \cdots, e_{t-1}$ $(e_i \in R_i)$ が存在して $Re_i = R_i$ である.

$$R_i = \mathfrak{p}_0 \cap \cdots \cap \mathfrak{p}_{i-1} \cap \mathfrak{p}_{i+1} \cap \cdots \cap \mathfrak{p}_{t-1}$$

であるから $\phi(R_i) = R_{i+1}$ である. したがって $\phi(e_i) = e_{i+1}$ であり,(2) がわかる. (3) も容易にわかる.   □

差分環 R の k 上の差分自己同型全体の作る群を $\mathrm{Gal}(R/k)$,ϕ^t に関する差分環 R_0 の ke_0 上の差分自己同型全体の作る群を $\mathrm{Gal}(R_0/ke_0)$ と表す. $\psi \in \mathrm{Gal}(R_0/ke_0)$ に対して $\sigma = \Gamma(\psi)$ を $(r_0, \cdots, r_{t-1}) \in R_0 \oplus \cdots \oplus R_{t-1}$ に対して

$$\sigma(r_0, \cdots, r_{t-1}) = (\psi(r_0), \phi\psi\phi^{-1}(r_1), \cdots, \phi^{t-1}\psi\phi^{1-t}(r_{t-1}))$$

と定める. また, $\Delta\colon \mathrm{Gal}(R/k) \to \mathbb{Z}/t\mathbb{Z}$ を次のように定義する. $\sigma \in \mathrm{Gal}(R/k)$ に対して $(0) = \mathfrak{p}_0 \cap \cdots \cap \mathfrak{p}_{t-1}$ より $(0) = \sigma\mathfrak{p}_0 \cap \cdots \cap \sigma\mathfrak{p}_{t-1}$ である. したがって $\sigma\mathfrak{p}_0 = \mathfrak{p}_j$ となる j がある. このとき $\Delta(\sigma) = \bar{j} \in \mathbb{Z}/t\mathbb{Z}$ とおく. $\sigma R_0 = R_j$, $\sigma e_0 = e_j$ である.

定理 8.17 上の記号の下で $\sigma = \Gamma(\psi) \in \mathrm{Gal}(R/k)$ である. また

$$0 \longrightarrow \mathrm{Gal}(R_0/e_0 k) \overset{\Gamma}{\longrightarrow} \mathrm{Gal}(R/k) \overset{\Delta}{\longrightarrow} \mathbb{Z}/t\mathbb{Z} \longrightarrow 0$$

は完全列である.

証明 $\sigma\phi = \phi\sigma$ となることを示す.

$$(\sigma\phi)(r_0, \cdots, r_{t-1}) = \sigma(\phi(r_{t-1}), \phi(r_0), \cdots, \phi(r_{t-2}))$$
$$= (\psi\phi(r_{t-1}), \phi\psi(r_0), \cdots, \phi^{t-1}\psi\phi^{2-t}(r_{t-2}))$$

および

$$(\phi\sigma)(r_0, \cdots, r_{t-1}) = \phi(\psi(r_0), \phi\psi\phi^{-1}(r_1), \cdots, \phi^{t-1}\psi\phi^{1-t}(r_{t-1}))$$
$$= (\phi^t\psi\phi^{1-t}(r_{t-1}), \phi\psi(r_0), \cdots, \phi^{t-1}\psi\phi^{2-t}(r_{t-2}))$$

が成り立ち, $\phi^t\psi = \psi\phi^t$ より $\sigma\phi = \phi\sigma$ がわかる.

Γ は単射準同型であり, $\Delta \circ \Gamma = 0$ である. $\sigma_1, \sigma_2 \in \mathrm{Gal}(R/k)$, $\sigma_1 e_0 = e_i$, $\sigma_2 e_0 = e_j$ なら

$$(\sigma_1\sigma_2)e_0 = \sigma_1 e_j = \sigma_1(\phi^j e_0) = \phi^j(\sigma_1 e_0) = \phi^j e_i = e_{i+j}$$

であるから Δ は準同型写像である. $\Delta(\sigma) = 0$ のとき, $\psi = \sigma|_{R_0} \in \mathrm{Gal}(R_0/ke_0)$ とおくと $\Gamma(\psi) = \sigma$ となることを示せば $\mathrm{Ker}\,\Delta = \mathrm{Im}\,\Gamma$ であることがわかる. $\sigma R_0 = R_0$ であるから

$$\sigma R_i = \sigma\phi^i R_0 = \phi^i \sigma R_0 = \phi^i R_0 = R_i$$

である. したがって

164　第 8 章　差分 Picard-Vessiot 理論

$$\sigma(r_0, \cdots, r_{t-1}) = (\sigma r_0, \sigma r_1, \cdots, \sigma r_{t-1})$$
$$= (\sigma(r_0), \phi\sigma\phi^{-1}(r_1), \cdots, \phi^{t-1}\sigma\phi^{1-t}(r_{t-1}))$$
$$= (\psi(r_0), \phi\psi\phi^{-1}(r_1), \cdots, \phi^{t-1}\psi\phi^{1-t}(r_{t-1}))$$

となるので $\sigma = \Gamma(\psi)$ である.

次に Δ が全射であることを示す. $\operatorname{Im}\Delta$ は $\bar{j}$ $(1 \leq j \leq t)$ で生成されるとする. j はこのようなもののうち最小のものとすると $j \mid t$ である.

$$f = e_0 + e_j + e_{2j} + \cdots + e_{t-j}$$

とおくと, 任意の $\sigma \in \operatorname{Gal}(R/k)$ に対して $\Delta(\sigma) \in (\bar{j})$ であるから, $\sigma f = f$ である. 定理 8.15 より $f \in k$ である. $f^2 = f$ であり, かつ $f \neq 0$ であるから, $f = 1 = e_0 + \cdots + e_{t-1}$ である. したがって $j = 1$ でなければならないので $\operatorname{Im}\Delta = \mathbb{Z}/t\mathbb{Z}$ となる. □

8.4　ガロワ対応

定義 8.18　$A \in \operatorname{GL}_n(k)$ とする. $\phi Y = AY$ の k 上の PV 環 R の全商環 K は自然に差分環となる. これを $\phi Y = AY$ の k 上の**全 PV 環**という.

定理 8.16 より $R = R_0 \oplus \cdots \oplus R_{t-1}$ であったから, $K = K_0 \oplus \cdots \oplus K_{t-1}$ である. ここで K_i は R_i の全商環, $\phi(K_i) = K_{i+1}$, $\phi^t K_i = K_i$ である. K は単純差分環の全商環であるから単純差分環である. $x \in K$, $\phi(x) = x$ なら $I = \{r \in R \mid rx \in R\}$ は R の差分イデアルであり, $I \neq \{0\}$ であるから $I = R$, したがって $1 \in I$ となり $x \in C_R = C$ である. したがって $C_K = C$ である.

補題 8.19　L は単純差分環とし, R を L の差分部分環とする. このとき R の非零因子は L の非零因子でもある.

証明[4]　$r \in R$ が L の零因子なら R の零因子でもあることを示せばよい.

---

[4]　Wibmer [42], p.3, 補題 1.1.4

$$S = \{r^{i_0}\phi(r)^{i_1}\phi^2(r)^{i_2}\cdots\phi^m(r)^{i_m} \mid m \geq 0,\ i_0,\cdots,i_m \geq 0\}$$

とおくと $\phi(S) \subset S$ である. $0 \notin S$ と仮定する. S は L の乗法的部分集合であり，自然な準同型写像 $\varphi\colon L \to S^{-1}L$ の核は差分イデアルである. $ar = 0$ となる $a \in L^\times$ が存在し，$a \in \mathrm{Ker}\,\varphi$ であるから $\mathrm{Ker}\,\varphi = L$ である. すると $\varphi(1) = 1/1 = 0/1$ となり矛盾. したがって $0 \in S$ であるから，ある $i_0,\cdots,i_m \geq 0$ に対して

$$r^{i_0}\phi(r)^{i_1}\cdots\phi^m(r)^{i_m} = 0$$

となる. これより $(r\phi(r)\cdots\phi^m(r))^i = 0$ となる $i \geq 0$ が存在することがわかる. L のベキ零元全体は $\sqrt{(0)} = (0)$ であるから $r\phi(r)\cdots\phi^m(r) = 0$ である. m はこのようなもののうち最小とすると $r\phi(r)\cdots\phi^{m-1}(r) \neq 0$ であるから $\phi(r)\phi^2(r)\cdots\phi^m(r) \neq 0$ である. $\phi(r)\phi^2(r)\cdots\phi^m(r) \in R$ であるから r は R の零因子である. $\square$

補題 8.20 [5] L は単純差分環とし，M は L の差分拡大環とする. このとき L と C_M は C_L 上線形無関連[6]である.

証明 $c_1,\cdots,c_n \in C_M$ であって C_L 上 1 次独立であるが L 上 1 次従属となるものがあるとする. n はこのようなもののうち最小の自然数とする.

$$I = \{a_1 \in L \mid a_1c_1 + \cdots + a_nc_n = 0 \text{ となる } a_2,\cdots,a_n \in L \text{ が存在する}\}$$

とおくと I は L の差分イデアルである. $I \neq (0)$ であるから $1 \in I$ である. したがって

$$c_1 + a_2c_2 + \cdots + a_nc_n = 0 \quad (n \geq 2)$$

となる $a_2,\cdots,a_n \in L$ が存在する. ϕ をほどこして引くと

$$(a_2 - \phi(a_2))c_2 + \cdots + (a_n - \phi(a_n))c_n = 0$$

となるが n の最小性より $a_i = \phi(a_i)$ $(i = 2,\cdots,n)$ である. このとき $a_i \in C_L$ であり，これは $c_1,\cdots,c_n$ が C_L 上 1 次独立であることに反する. $\square$

---

[5] Wibmer [42], p.4, 補題 1.1.6

[6] 定義 3.14 と同様に定義され，補題 3.15 も同様に成り立つ.

定理 8.21 $A \in \mathrm{GL}_n(k)$ とする. k の差分拡大環 L が次の性質をもてば L は $\phi Y = AY$ の k 上の全 PV 環である.

(1) L は単純差分環であり, L の非零因子は積に関して可逆である.

(2) $C_L = C$.

(3) L に成分をもつ $\phi Y = AY$ の基本行列 $U = (u_{ij})$ がある. (L が (1) と (3) をみたせば補題 8.19 より L は $k[\{u_{ij}\}, \det(u_{ij})^{-1}]$ の全商環を含む.)

(4) L は $k[\{u_{ij}\}, \det(u_{ij})^{-1}]$ の全商環に一致する.

証明 $R = k[\{u_{ij}\}, \det(u_{ij})^{-1}] \subset L$ とおく. $R' = k[\{x_{ij}\}, \det(x_{ij})^{-1}]$ を $\phi Y = AY$ の PV 環とする. R と R' が k 差分同型であることを示せばよい. $R, R' \subset R \underset{k}{\otimes} R' \subset L \underset{k}{\otimes} R'$ と考える. $(y_{ij}) = (u_{ij})^{-1}(x_{ij})$ とおくと $(y_{ij}) \in \mathrm{GL}_n(R \underset{k}{\otimes} R')$, $\phi(y_{ij}) = (y_{ij})$ である. $C_L = C$ であるから補題 8.20 より L と $C_{L \underset{k}{\otimes} R'}$ は C 上線形無関連である. $C[\{y_{ij}\}, \det(y_{ij})^{-1}] \subset C_{L \underset{k}{\otimes} R'}$ であるから L と $C[\{y_{ij}\}, \det(y_{ij})^{-1}]$ も C 上線形無関連である. したがって

$$R \underset{C}{\otimes} C[\{y_{ij}\}, \det(y_{ij})^{-1}] \cong R[\{y_{ij}\}, \det(y_{ij})^{-1}] \subset R \underset{k}{\otimes} R'$$

である. すると

$$R \underset{C}{\otimes} C[\{y_{ij}\}, \det(y_{ij})^{-1}] \cong R[\{y_{ij}\}, \det(y_{ij})^{-1}]$$
$$= R[\{x_{ij}\}, \det(x_{ij})^{-1}]$$
$$= R \underset{k}{\otimes} R'$$

である. C は代数閉体であるから C 上の準同型写像 $\varphi\colon C[\{y_{ij}\}, \det(y_{ij})^{-1}] \to C$ が存在する. これより次の k 差分準同型 $R' \to R$ が得られる.

$$R' \to R \underset{k}{\otimes} R' \cong R \underset{C}{\otimes} C[\{y_{ij}\}, \det(y_{ij})^{-1}] \overset{1 \otimes \varphi}{\longrightarrow} R \underset{C}{\otimes} C = R.$$

R' は単純差分環であるから, この写像は単射である. したがって $R' \subset R$ と考えることができる. すると $\phi((u_{ij})^{-1}(x_{ij})) = (u_{ij})^{-1}(x_{ij})$, $C_R \subset C_L = C$ であるから $(u_{ij})^{-1}(x_{ij}) \in \mathrm{GL}_n(C) \subset \mathrm{GL}_n(R')$ となり $(u_{ij}) \in \mathrm{GL}_n(R')$ を得る. したがって $R \subset R'$ となり $R = R'$ を得る. $\qquad\square$

系 8.22 k の差分拡大環 R が次をみたせば R は $\phi Y = AY$ の k 上の PV 環である.

(1) R の全商環は単純差分環である.

(2) R の全商環の不変元全体は C に一致する.

(3) R に成分をもつ $\phi Y = AY$ の基本行列 (u_{ij}) が存在する.

(4) $R = k[\{u_{ij}\}, \det(u_{ij})^{-1}]$ である.

証明 R の全商環を L とすると L は定理 8.21 の (1) から (4) をみたす. 定理の証明より R は $\phi Y = AY$ の k 上の PV 環である. □

注意 8.23 定理 8.21 と系 8.22 はそれぞれ van der Put-Singer [41] の命題 1.23 と系 1.24 に対応しているが, 命題 1.23 の証明には誤りがあるため, 彼らの条件 (1) は「L はベキ零元をもたず, L の非零因子は可逆である.」となっているところを上記のように修正した. 定理 8.21 の証明は Ovchinnikov-Wibmer [27] による.

定理 8.24 $R = R_0 \oplus \cdots \oplus R_{t-1}$, $K = K_0 \oplus \cdots \oplus K_{t-1}$ をそれぞれ $\phi Y = AY$ の k 上の PV 環, 全 PV 環とする. $0 \le i \le t-1$ とする. t の約数 $d > 0$ に対して

$$A_d = \phi^{d-1}(A) \cdots \phi(A)A,$$

$$R^{(d)} = \bigoplus_{m=0}^{(t/d)-1} R_{i+md},$$

$$K^{(d)} = \bigoplus_{m=0}^{(t/d)-1} K_{i+md},$$

$$e' = \sum_{m=0}^{(t/d)-1} e_{i+md}$$

とおき, $R^{(d)}, K^{(d)}$ を ϕ^d による差分環とみなすと, $R^{(d)}$ は $\phi^d Y = e' A_d Y$ の ke' 上の PV 環であり, $K^{(d)}$ は全 PV 環である.

168 第 8 章 差分 Picard-Vessiot 理論

証明 ϕ^d は $R^{(d)}$ の自己同型である. U は $\phi Y = AY$ の R における基本行列とする. U は $\phi^d Y = A_d Y$ の基本行列でもある. R から $R^{(d)}$ への射影は差分準同型写像であり, U の像 U_d は $\phi^d Y = e' A_d Y$ の基本行列である. U_d の成分と $\det U_d^{-1}$ は $R^{(d)}$ を生成する. あとは $R^{(d)}$ の差分イデアルは自明なもののみであることを示せばよい. $J^{(d)}$ が $R^{(d)}$ の差分イデアルなら

$$J^{(d)} \oplus \phi J^{(d)} \oplus \cdots \oplus \phi^{d-1} J^{(d)} \subset R^{(d)} \oplus \phi R^{(d)} \oplus \cdots \oplus \phi^{d-1} R^{(d)} = R$$

は R の差分イデアルであるから (0) または R である. したがって $J^{(d)} = (0)$ または $J^{(d)} = R^{(d)}$ である. $\qquad\square$

定理 8.25 K は $\phi Y = AY$ の k 上の全 PV 環, $G = \mathrm{Gal}(K/k)$ とし, H は C 上定義された G の部分代数群とする. K の H 不変な元全体を K^H と表す.

(1) $K^G = k$ である.

(2) $K^H = k$ なら $H = G$ である.

証明 K は k 上の PV 環 $R = k[\{X_{ij}\}, \det(X_{ij})^{-1}]/I$ の全商環とし, $I = \mathfrak{p}_0 \cap \cdots \cap \mathfrak{p}_{t-1}$ とする.

(1) $f \in K^G$ とする.

$$f = \frac{\overline{g}}{\overline{h}}, \quad g, h \in k[\{X_{ij}\}, \det(X_{ij})^{-1}], \ h \notin \mathfrak{p}_i \ (0 \le i \le t-1)$$

と表せる. $h(z_0) \ne 0$ となる $z_0 \in Z(\overline{k})$ が存在する. $g(z_0)/h(z_0) = c \in \overline{k}$ とおき

$$F((X_{ij})) = g((X_{ij})) - ch((X_{ij})) \in \overline{k}[\{X_{ij}\}, \det(X_{ij})^{-1}]$$

とおく. $F(z_0) = g(z_0) - ch(z_0) = 0$ である. $\sigma = \sigma_B \ (B \in G)$ とすると, $\sigma f = f$ であるから $\sigma(g)h - g\sigma(h) \in I$ となり

$$g(z_0 B)h(z_0) - g(z_0)h(z_0 B) = 0$$

である. これは任意の $B \in G = V_C(J)$ に対して成り立つから, 定理 8.5 より任意の $B \in G(\overline{k}) = V_{\overline{k}}(J)$ に対しても成り立つ. $h(z_0 B) \ne 0$ である $B \in G(\overline{k})$ に対して $g(z_0 B)/h(z_0 B) = g(z_0)/h(z_0) = c$ が成り立つ. $\varphi \in \mathrm{Aut}(\overline{k}/k)$

を $F(z_0) = g(z_0) - ch(z_0) = 0$ にほどこして

$$\varphi(F(z_0)) = g(\varphi(z_0)) - \varphi(c)h(\varphi(z_0)) = 0$$

を得る. $\varphi(z_0) \in Z(\overline{k}) = z_0 G(\overline{k})$ [7], $h(\varphi(z_0)) = \varphi(h(z_0)) \neq 0$ であるから

$$\varphi(c) = \frac{g(\varphi(z_0))}{h(\varphi(z_0))} = \frac{g(z_0 B)}{h(z_0 B)} = \frac{g(z_0)}{h(z_0)} = c$$

となり, $c \in k$ でなければならない. $B \in G(\overline{k})$ に対して $h(z_0 B) \neq 0$ なら $F(z_0 B) = 0$ である. すると $Z(\overline{k}) \setminus \{z \in Z(\overline{k}) \mid h(z) = 0\}$ 上 F は 0 であるから F は $Z(\overline{k})$ 上 0 となり, $F \in I$ である. したがって $\overline{g} - c\overline{h} = 0$ となり $f = \overline{g}/\overline{h} = c \in k$ である.

(2) 以下, 差分環としての議論はせず, 単に環としての議論を行う.

主張 1 $B \in G(\overline{k})$ に対して

$$\sigma_B : \overline{k}[\{X_{ij}\}, \det(X_{ij})^{-1}] \to \overline{k}[\{X_{ij}\}, \det(X_{ij})^{-1}]$$

を $\overline{k}$ 上では恒等写像であり, かつ $\sigma_B(X_{ij}) = (X_{ij})B$ となるように定める. このとき $\sigma_B(\overline{k}I) = \overline{k}I$ が成り立つ. よって σ_B は $\mathcal{O}(Z_{\overline{k}}) = \overline{k}[\{X_{ij}\}, \det(X_{ij})^{-1}]/\overline{k}I$ の自己同型写像を与える.

主張 1 の証明 $f((X_{ij})) \in \overline{k}I$ とする. 任意の $z_0 \in Z(\overline{k})$ に対して $f(z_0) = 0$ が成り立つ. $B \in G(\overline{k})$ に対して $z_0 B \in z_0 G(\overline{k}) = Z(\overline{k})$ であるから $f(z_0 B) = 0$ となる. 定理 8.1, 定理 8.2 より $I_{\overline{k}}(Z(\overline{k})) = \sqrt{\overline{k}I} = \overline{k}I$ であるから $\sigma_B f((X_{ij})) = f((X_{ij})B) \in \overline{k}I$ である. したがって $\sigma_B(\overline{k}I) \subset \overline{k}I$ である. $\sigma_{B^{-1}}(\overline{k}I) \subset \overline{k}I$ でもあるから $\sigma_B(\overline{k}I) = \overline{k}I$ が成り立つ. (証明終わり)

$z_0 \in Z(\overline{k})$ をとると $Z(\overline{k}) = z_0 G(\overline{k})$ となるから $Z(\overline{k})$ の $\overline{k}$ 上の関数環 $\mathcal{O}(Z_{\overline{k}})$ と $G(\overline{k})$ の $\overline{k}$ 上の関数環 $\mathcal{O}(G_{\overline{k}})$ は $\overline{k}$ 同型である. それぞれの全商環を L, M とすると L と M も $\overline{k}$ 同型である. この同型により L の $H(\overline{k})$ 不変な元全体 $L^{H(\overline{k})}$ は $G(\overline{k})$ の $H(\overline{k})$ 不変な有理関数全体, したがって $(G/H)(\overline{k})$ の有理関数全体に対応する[8]. $H \neq G$ なら $(G/H)(\overline{k})$ は 1 点ではないから $\overline{k} \subsetneq L^{H(\overline{k})} \subset L^H$ である.

---

[7] 定理 8.15 の直前をみよ.

[8] 本田, 永田 [9] をみよ.

170　第 8 章　差分 Picard-Vessiot 理論

主張 2　$\overline{k} \underset{k}{\otimes} K$ の非零因子は $\overline{k} \underset{k}{\otimes} K$ で可逆である.

主張 2 の証明　$a \in \overline{k} \underset{k}{\otimes} K$ とすると, ある k の有限次拡大体 $k' \subset \overline{k}$ があって $a \in k' \underset{k}{\otimes} K \subset \overline{k} \underset{k}{\otimes} K$ となる. $a \in k' \underset{k}{\otimes} K$ が $\overline{k} \underset{k}{\otimes} K$ の非零因子なら $k' \underset{k}{\otimes} K$ の非零因子でもある. a が $k' \underset{k}{\otimes} K$ で可逆であることを示せばよい. K は有限個の k の拡大体の直和であり, $k' = k[\theta] = k[X]/(f(X))$ （ここで $f(X)$ は θ の k 上の最小多項式）であるから, $k' \underset{k}{\otimes} K$ は有限個の k の拡大体の直和である. したがって $k' \underset{k}{\otimes} K$ の非零因子は $k' \underset{k}{\otimes} K$ で可逆である.（証明終わり）

$$\mathcal{O}(Z_{\overline{k}}) = \overline{k}[\{X_{ij}\}, \det(X_{ij})^{-1}]/\overline{k}I \cong \overline{k} \underset{k}{\otimes} \mathcal{O}(Z) \subset \overline{k} \underset{k}{\otimes} K$$

である. $\overline{k} \underset{k}{\otimes} K$ の元は

$$\left(1 \otimes \frac{1}{g}\right)\left(\sum a_i \otimes b_i\right)$$

という形をしている. ここで g は $\mathcal{O}(Z)$ の非零因子であり, $a_i \in \overline{k}$, $b_i \in \mathcal{O}(Z)$ である. すると $\mathcal{O}(Z_{\overline{k}})$ の非零因子は $\overline{k} \underset{k}{\otimes} K$ の非零因子でもあることがわかる. したがって $\mathcal{O}(Z_{\overline{k}})$ の非零因子は $\overline{k} \underset{k}{\otimes} K$ で可逆である. これより $L \subset \overline{k} \underset{k}{\otimes} K$ である. $K^H = k$ なら

$$\overline{k} \subset L^H \subset (\overline{k} \underset{k}{\otimes} K)^H = \overline{k} \underset{k}{\otimes} K^H = \overline{k} \underset{k}{\otimes} k = \overline{k}$$

である. $H \neq G$ なら $L^H \neq \overline{k}$ であったから $H = G$ でなければならない. □

補題 8.26　K は $\phi Y = AY$ の k 上の全 PV 環とし, $G = \mathrm{Gal}(K/k)$ とする. F が K/k の差分中間環であり, F の非零因子は F で可逆であるとする. $K = K_0 \oplus \cdots \oplus K_{t-1}$ とし, $e_i \in K_i$ はベキ等元, $e_0 + \cdots + e_{t-1} = 1$, $\phi^i(e_0) = e_i$ が成り立つとする. このとき次が成り立つ.

(1) t の約数 d があって $E_0 = e_0 + e_d + e_{2d} + \cdots + e_{t-d}$ とおくと $E_0 \in F$ である. $E_i = \phi^i E_0 \in F$ とおくと $E_0, \cdots, E_{d-1}$ は直交ベキ等元であり, $E_0 + \cdots + E_{d-1} = 1$ である.

(2) $K = KE_0 \oplus \cdots \oplus KE_{d-1}$, $F = FE_0 \oplus \cdots \oplus FE_{d-1}$ であり，各 FE_i は体である．

(3) $\phi^d(FE_i) = FE_i$, $\phi^d(KE_i) = KE_i$ である．

(4) KE_i は $\phi^d Y = E_i A_d Y$ の FE_i 上の全 PV 環である．ここで $A_d = \phi^{d-1}(A) \cdots \phi(A) A$ である．

(5) $\sigma \in \mathrm{Gal}(K/F)$ に対して $\sigma|_{KE_i} = \sigma_i$ と表すと $\sigma_i \in \mathrm{Gal}(KE_i/FE_i)$ である．σ に σ_i を対応させる写像は $\mathrm{Gal}(K/F)$ から $\mathrm{Gal}(KE_i/FE_i)$ の上への同型写像である．

証明　(1) $f = (f_0, \cdots, f_{t-1}) \in F$ に対して $(f) = \{i \mid f_i \neq 0\}$ を f のサポートという．$(fg) = (f) \cap (g)$, $(\phi f) = (f) + 1 \pmod{t}$ である．$|(f)|$ が最小なものをとり，$T = (f)$ とおく．$0 \in T$ としてよい．$s(T) = T + 1 \pmod{t}$ と表す．$T \cap s^i(T) \neq \varnothing$ なら $|(f)|$ の最小性より $T = s^i(T)$ である．d $(1 \leq d \leq t-1)$ を $T = s^d(T)$ となる最小の自然数とする．すると $T, s(T), \cdots, s^{d-1}(T)$ は互いに共通部分をもたない．また

$$\{0, \cdots, t-1\} = T \cup s(T) \cup \cdots \cup s^{d-1}(T)$$

であるから $d \mid t$ である．したがって $T = \{0, d, 2d, \cdots, t-d\}$ である．

$$g = f + \phi f + \cdots + \phi^{d-1} f \in F$$

とおく．$(g) = \{0, 1, \cdots, t-1\}$ であるから g は非零因子であり，よって $g^{-1} \in F$ である．

$$E_0 = g^{-1} f = e_0 + e_d + e_{2d} + \cdots + e_{t-d} \in F$$

である．$E_i = \phi^i(E_0) \in F$ とおくと，$\phi^i(e_0) = e_i$ より

$$E_0 + E_1 + \cdots + E_{d-1} = e_0 + e_1 + \cdots + e_{t-1} = 1$$

である．$e_0, \cdots, e_{t-1}$ は直交ベキ等元であるから $E_0, \cdots, E_{d-1}$ も直交ベキ等元である．

(2) (1) より $K = KE_0 \oplus \cdots \oplus KE_{d-1}$, $F = FE_0 \oplus \cdots \oplus FE_{d-1}$ である．FE_i が体であることを示そう．$0 \neq h \in FE_i$ とする．$(h) \subset (E_i)$ であり，$|(E_i)| = |(E_0)| = |T| = |(f)|$ であるから $|(f)|$ の最小性より $(h) = (E_i)$ である．

172 第 8 章 差分 Picard-Vessiot 理論

すると
$$E_0 + \cdots + E_{i-1} + h + E_{i+1} + \cdots + E_{d-1}$$
は F の零因子ではない元である. したがって F の中に逆元 g をもつ.
$$1 = g(E_0 + \cdots + h + \cdots + E_{d-1}) = gE_0 + \cdots + gh + \cdots + gE_{d-1}$$
より $gh = E_i$ である. このとき $(gE_i)h = E_i^2 = E_i$ となり, FE_i は E_i を単位元とする体であることがわかる.

(3) $\phi^d(E_i) = E_i$ よりわかる.

(4) 定理 8.24 より KE_i は $\phi^d Y = E_i A_d Y$ の kE_i 上の全 PV 環である.
$$k \cong kE_i \subset FE_i \subset KE_i$$
である. $a \in k$ が $\phi^d(a) = a$ をみたせば
$$P(X) = (X - a)(X - \phi(a)) \cdots (X - \phi^{d-1}(a)) \in C[X]$$
とおくと $P(a) = 0$ であるから $a \in \overline{C} = C$ である. 定理 8.9 より KE_i の ϕ^d に関する不定元全体は k の ϕ^d に関する不定元全体 C に一致する. したがって FE_i の ϕ^d に関する不定元全体も C である. 拡大 KE_i/FE_i が定理 8.21 の (1) から (4) をみたすことを示せばよい. (2) は上にみた通り. KE_i が kE_i 上の $\phi^d Y = E_i A_d Y$ の全 PV 環であることから (1), (3), (4) がわかる.

(5) $\sigma \in \mathrm{Gal}(K/F)$ なら, $E_i \in F$ であるから $\sigma E_i = E_i$ である. したがって $\sigma(KE_i) = KE_i$ である. $\sigma_i = \sigma|_{KE_i}$ は FE_i 上恒等写像であるから $\sigma_i \in \mathrm{Gal}(KE_i/FE_i)$ である. φ_i は σ に σ_i を対応させる写像とし, φ_i が全単射写像であることを示す. $i = 0$ として一般性を失わない. $\phi\sigma = \sigma\phi$ より $\phi\sigma_i = \sigma_{i+1}\phi$ であるから $\sigma_i = \phi^i\sigma_0\phi^{-i}$ である. したがって σ_0 が恒等写像なら σ_i もすべて恒等写像となり, σ は $K = KE_0 \oplus \cdots \oplus KE_{d-1}$ 上の恒等写像である. したがって φ_0 は単射である. $\sigma_0 \in \mathrm{Gal}(KE_0/FE_0)$ とする. σ を
$$(r_0, \cdots, r_{d-1}) \in KE_0 \oplus \cdots \oplus KE_{d-1} = K$$
に対して
$$\sigma(r_0, \cdots, r_{d-1}) = (\sigma_0(r_0), \phi\sigma_0\phi^{-1}(r_1), \cdots, \phi^{d-1}\sigma_0\phi^{1-d}(r_{d-1}))$$

と定めれば定理 8.17 の証明と同様にして $\sigma \in \mathrm{Gal}(K/F)$ であることがわかる. $\sigma|_{KE_0} = \sigma_0$ であるから φ_0 は全射である. $\qquad\square$

定理 8.27 K は k 上の全 PV 環とし, $G = \mathrm{Gal}(K/k)$ とする.

$$\mathcal{F} = \{F \mid F \text{ は } K/k \text{ の差分中間環で,} \ F \text{ の非零因子は } F \text{ で可逆}\}$$

とし, $\mathcal{G}$ を C 上定義された G の部分代数群全体とすると, 次が成り立つ.

(1) $H \in \mathcal{G}$ なら $K^H \in \mathcal{F}$ である.

(2) $F \in \mathcal{F}$ なら $\mathrm{Gal}(K/F) \in \mathcal{G}$ である.

(3) $\alpha\colon \mathcal{F} \to \mathcal{G} \ (F \mapsto \mathrm{Gal}(K/F))$, $\beta\colon \mathcal{G} \to \mathcal{F} \ (H \mapsto K^H)$ とおくと α と β は互いに逆写像である.

証明 (1) K^H は K/k の差分中間環である. a が K^H の非零因子ならば K は単純環であるから補題 8.19 より a は K の非零因子である. したがって $a^{-1} \in K$ となる. 任意の $\sigma \in H$ に対して $\sigma(a^{-1})\sigma(a) = 1$ であるから $\sigma(a^{-1}) = \sigma(a)^{-1} = a^{-1}$ となり $a^{-1} \in K^H$ である. したがって $K^H \in \mathcal{F}$ である.

(2) $\mathrm{Gal}(K/F) \subset \mathrm{GL}_n(C)$ が代数的集合であることを示せばよい. $R = k[\{x_{ij}\}, \det(x_{ij})^{-1}]$ の全商環が K であるとする. $f \in F$ は $f = g/h$, $g, h \in R$ と表せる. $\sigma_B \in \mathrm{Gal}(K/k) \ (B \in \mathrm{GL}_n(C))$ とすると $\sigma_B(x_{ij}) = (x_{ij})B$ である. したがって

$$\sigma_B f = f$$
$$\Longleftrightarrow P_f(B) = g((x_{ij})B)h((x_{ij})) - g((x_{ij}))h((x_{ij})B) = 0$$

である. ここで $P_f((Y_{ij})) \in R[\{Y_{ij}\}, \det(Y_{ij})^{-1}]$ である. したがって, すべての $f \in F$ に対して $\sigma_B f = f$ となることと, B がすべての $P_f \ (f \in F)$ の零点であることとは同値である. R の C 上の基底をとって考えれば $\mathrm{Gal}(K/F)$ は C 上定義された代数的集合であることがわかる.

(3) $F \in \mathcal{F}$ に補題 8.26 を用いる. KE_i の元で $\mathrm{Gal}(K/F)$ 不変なものは補題 8.26 の (4), (5) と定理 8.25 の (1) より FE_i の元である. したがって

$$K = KE_0 \oplus \cdots \oplus KE_{d-1}$$

174 第 8 章 差分 Picard-Vessiot 理論

の元であって $\mathrm{Gal}(K/F)$ 不変なものは

$$F = FE_0 \oplus \cdots \oplus FE_{d-1}$$

の元である. すなわち $\beta\alpha(F) = F$ である.

$H \in \mathcal{G}$ とする. $H \subset \mathrm{Gal}(K/K^H)$ である. $F = K^H$ に補題 8.26 を用いると $K = KE_0 \oplus \cdots \oplus KE_{d-1}$, $F = FE_0 \oplus \cdots \oplus FE_{d-1}$ となる. $\varphi_i(H) = H_i$ とおくと (φ_i は $\mathrm{Gal}(K/K^H)$ の元を KE_i に制限する写像を表す) 補題 8.26 の (5) より $H_i \subset \mathrm{Gal}(KE_i/FE_i)$ であり,

$$(KE_i)^{H_i} = KE_i \cap K^H = KE_i \cap F = FE_i$$

である. 補題 8.26 の (4) と定理 8.25 の (2) より $H_i = \mathrm{Gal}(KE_i/FE_i)$ である. φ_i は全単射であったから $H = \mathrm{Gal}(K/K^H)$ である. すなわち $\alpha\beta(H) = H$ である. $\square$

付録 A1

2 次行列の標準形

ここでは 2 次行列の Jordan 標準形の求め方を紹介する．一般の場合は西岡久美子「Jordan 標準形のわかり易い求め方」[16] に詳しい．

$$A = \begin{pmatrix} a & b \\ c & d \end{pmatrix}$$

に対して，固有多項式は

$$\det \begin{pmatrix} t - a & -b \\ -c & t - d \end{pmatrix} = t^2 - (a + d)t + ad - bc$$

である．これが $(t - \alpha)(t - \beta)$ と因数分解されるとする．E を単位行列，O を零行列とすると，

$$
\begin{aligned}
(A - \alpha E)(A - \beta E) &= (A - \beta E)(A - \alpha E) \\
&= A^2 - (a + d)A + (ad - bc)E = O
\end{aligned}
\tag{A1.1}
$$

であることが容易にわかる．以下，A は対角行列でないとする．

(i) $\alpha \neq \beta$ のとき，A は対角化可能で，

$$P^{-1}AP = \begin{pmatrix} \alpha & 0 \\ 0 & \beta \end{pmatrix}$$

となる P が存在するが，P は次のようにして求められる．等式 (A1.1) より $A - \beta E$ の 2 つの列ベクトルは α の固有空間に属する．A が対角行列でないことより，少なくとも 1 つは零ベクトルではないから，それを p_1 とする．p_1 は固有値 α に属する固有ベクトルである．固有値 β に対しても同様にして，$A - \alpha E$

の 2 つの列ベクトルから固有ベクトル p_2 を選ぶ. $P = (p_1\ p_2)$ とおけば

$$P^{-1}AP = \begin{pmatrix} \alpha & 0 \\ 0 & \beta \end{pmatrix}$$

となる.

(ii) $\alpha = \beta$ のとき,まず上と同様に $A - \alpha E$ の 2 つの列ベクトルから固有値 α に属する固有ベクトル p_1 を選ぶ. $p_1 = (A - \alpha E)e_i$ のとき (p_1 が $A - \alpha E$ の第 i 列のとき),$p_2 = e_i$ とおけば p_1, p_2 は 1 次独立である. 実際,$\lambda_1 p_1 + \lambda_2 p_2 = 0$ とすると,定義より

$$\lambda_1 (A - \alpha E)e_i + \lambda_2 e_i = 0$$

であり,これに $A - \alpha E$ をかければ

$$\lambda_1 (A - \alpha E)^2 e_i + \lambda_2 (A - \alpha E)e_i = 0$$

を得る. したがって等式 (A1.1) と p_1 の定義より $\lambda_2 p_1 = 0$ が成り立つ. p_1 は零ベクトルではないから $\lambda_2 = 0$ であり,よって $\lambda_1 = 0$ もわかる. つまり p_1, p_2 は 1 次独立である. $P = (p_1\ p_2)$ とおくと P は正則であり,

$$AP = (Ap_1\ Ap_2) = (\alpha p_1\ p_1 + \alpha p_2) = (p_1\ p_2) \begin{pmatrix} \alpha & 1 \\ 0 & \alpha \end{pmatrix} = P \begin{pmatrix} \alpha & 1 \\ 0 & \alpha \end{pmatrix}$$

が成り立つから,

$$P^{-1}AP = \begin{pmatrix} \alpha & 1 \\ 0 & \alpha \end{pmatrix}$$

となる.

付録 A2

ベキ級数と有理型関数

A2.1　形式的ベキ級数

本節を通して K を体，$X, X_1, \cdots, X_n$ を不定元とする．

定義 A2.1
$$f = \sum_{i=-\infty}^{\infty} a_i X^i, \quad a_i \in K$$

であって，ある $m \in \mathbb{Z}$ に対して

$$a_{m-1} = a_{m-2} = \cdots = 0$$

をみたすもの全体を $K((X))$ と表す．この f を

$$f = a_m X^m + a_{m+1} X^{m+1} + \cdots$$

とも表す．さらに $a_m \neq 0$ であるとき，m を**位数**といい，$\operatorname{ord} f$ と表す．$0 = \sum_{i=-\infty}^{\infty} 0 X^i$ の位数は ∞ とする．$K((X))$ の元 $f = \sum_{i=-\infty}^{\infty} a_i X^i$ と $g = \sum_{i=-\infty}^{\infty} b_i X^i$ に対して，和と積を

$$\sum_{i=-\infty}^{\infty} a_i X^i + \sum_{i=-\infty}^{\infty} b_i X^i = \sum_{i=-\infty}^{\infty} (a_i + b_i) X^i,$$

$$\left(\sum_{i=-\infty}^{\infty} a_i X^i \right) \left(\sum_{i=-\infty}^{\infty} b_i X^i \right) = \sum_{i=-\infty}^{\infty} \left(\sum_{k=-\infty}^{\infty} a_k b_{i-k} \right) X^i$$

により定めると $K((X))$ は環になる．積の右辺の係数は実際には有限和であることに注意する．演算と位数の関係は次のようになることが容易に確かめられる．

$$\operatorname{ord}(f + g) \geq \min\{\operatorname{ord} f, \operatorname{ord} g\},$$

$$\operatorname{ord}(fg) = \operatorname{ord} f + \operatorname{ord} g.$$

178 付録 A2 ベキ級数と有理型関数

したがって

$$K[[X]] = \{f \in K((X)) \mid \operatorname{ord} f \geq 0\}$$

と定めれば $K[[X]]$ は $K((X))$ の部分環である. $K[[X]]$ の元を（**形式的**）ベキ
級数という. なお, $f \in K((X)) \setminus \{0\}$ の位数が m のとき, f はベキ級数と X
のベキにより

$$f = X^m \sum_{i=0}^{\infty} a_i X^i, \quad a_0 \neq 0$$

と表せる.

定理 A2.2 任意の $f \in K((X)) \setminus \{0\}$ に対して $fg = 1$ をみたす $g \in K((X))$
が存在する.

証明
$$f = X^m \sum_{i=0}^{\infty} a_i X^i, \quad a_0 \neq 0$$

と表す.

$$\left(\sum_{i=0}^{\infty} a_i X^i \right) \left(\sum_{i=0}^{\infty} b_i X^i \right) = \sum_{i=0}^{\infty} \left(\sum_{k=0}^{i} a_k b_{i-k} \right) X^i$$

であるから,

$$1 = \sum_{k=0}^{0} a_k b_{0-k} = a_0 b_0,$$

$$0 = \sum_{k=0}^{1} a_k b_{1-k} = a_0 b_1 + a_1 b_0,$$

$$0 = \sum_{k=0}^{2} a_k b_{2-k} = a_0 b_2 + \sum_{k=1}^{2} a_k b_{2-k},$$

$$\vdots$$

により b_i を帰納的に定め,

$$g = X^{-m} \sum_{i=0}^{\infty} b_i X^i$$

とおくと, $fg = 1$ となる. $\square$

系 A2.3 $K((X))$ は体であり, $K[[X]]$ の商体である. 多項式環 $K[X]$ は

$K[[X]]$ の部分環であるから，有理関数体 $K(X)$ は $K((X))$ の部分体とみなせる．$K((X))$ を**形式的ベキ級数体**，$K[[X]]$ を**形式的ベキ級数環**という．

定義 A2.4 n 個の不定元 $X_1, \cdots, X_n$ に対して，

$$P = \sum_{i_1, \cdots, i_n \geq 0} a_{i_1, \cdots, i_n} X_1^{i_1} \cdots X_n^{i_n}, \quad a_{i_1, \cdots, i_n} \in K$$

を n **変数の形式的ベキ級数**（あるいは単に**ベキ級数**）という．また，それら全体を $K[[X_1, \cdots, X_n]]$ と表し，（n 変数）**形式的ベキ級数環**という．これは前述の形式的ベキ級数環の多変数化である．演算は次のように定義する．まず単項式の次数を

$$\deg a X_1^{i_1} \cdots X_n^{i_n} = i_1 + \cdots + i_n, \quad a \in K^\times$$

と定める．P の次数 i の項のみを集めたものを

$$P_i = \sum_{i_1 + \cdots + i_n = i} a_{i_1, \cdots, i_n} X_1^{i_1} \cdots X_n^{i_n}$$

とおくと，P_i は多項式で，

$$P = \sum_{i=0}^{\infty} P_i$$

と表せる．この表示を用いて和と積を

$$P + Q = \sum_{i=0}^{\infty} (P_i + Q_i),$$

$$PQ = \sum_{i=0}^{\infty} \left(\sum_{k=0}^{i} P_k Q_{i-k} \right)$$

と定めれば，これにより $K[[X_1, \cdots, X_n]]$ は環になる．

定理 A2.5 定義における記法を用いる．$P \in K[[X_1, \cdots, X_n]]$ に対して，$P_0 = a_{0, \cdots, 0} \neq 0$ であることと，$PQ = 1$ をみたす $Q \in K[[X_1, \cdots, X_n]]$ が存在することは同値である．

証明 (i) $P_0 \neq 0$ とする．このとき $P_0 \in K^\times$ に注意して，

$$1 = P_0 Q_0,$$

$$0 = P_0 Q_1 + P_1 Q_0,$$

$$\vdots$$

$$0 = P_0 Q_i + \sum_{k=1}^{i} P_k Q_{i-k},$$

$$\vdots$$

により i 次の斉次多項式 $Q_i \in K[X_1, \cdots, X_n]$ を帰納的に定め,

$$Q = \sum_{i=0}^{\infty} Q_i \in K[[X_1, \cdots, X_n]]$$

とおけば, $PQ = 1$ となる.

(ii) 逆に, $PQ = 1$ をみたす $Q \in K[[X_1, \cdots, X_n]]$ が存在すれば,

$$1 = PQ = P_0 Q_0 + (P_0 Q_1 + P_1 Q_0) + \cdots$$

より $P_0 Q_0 = 1$ であり, 特に $P_0 \neq 0$ である. $\qquad\square$

定義 A2.6 (代入) (i) ベキ級数 $P \in K[[X_1, \cdots, X_n]]$ と位数 1 以上のベキ級数 $f_1, \cdots, f_n \in K[[X]]$ に対して $P(f_1, \cdots, f_n)$ を次のように定める.

$$P_i(f_1, \cdots, f_n) = \sum_{i_1 + \cdots + i_n = i} a_{i_1, \cdots, i_n} f_1^{i_1} \cdots f_n^{i_n} \in K[[X]]$$

より

$$\operatorname{ord} P_i(f_1, \cdots, f_n) \geq \min_{i_1 + \cdots + i_n = i} \operatorname{ord}(a_{i_1, \cdots, i_n} f_1^{i_1} \cdots f_n^{i_n})$$

$$\geq \min_{i_1 + \cdots + i_n = i} (i_1 \operatorname{ord} f_1 + \cdots + i_n \operatorname{ord} f_n)$$

$$\geq i$$

である. したがって,

$$P(f_1, \cdots, f_n) = \sum_{i=0}^{\infty} P_i(f_1, \cdots, f_n) \in K[[X]]$$

の係数は低次の項から順に定まる. 特に $P(0, \cdots, 0) = a_{0, \cdots, 0}$ である.

(ii) ベキ級数 $f = \sum\limits_{i=0}^{\infty} a_i X^i \in K[[X]]$ と, $P(0, \cdots, 0) = 0$ をみたすベキ級数 $P \in K[[X_1, \cdots, X_n]]$ に対して,

$$f(P) = \sum_{i=0}^{\infty} a_i P^i \in K[[X_1, \cdots, X_n]]$$

の係数は低次の項から順に定まる.

(i), (ii) の代入により定義される写像はいずれも準同型写像である.

例 A2.7
$$(1 - X) \sum_{i=0}^{\infty} X^i = \sum_{i=0}^{\infty} X^i - \sum_{i=1}^{\infty} X^i = 1$$

より, $P(0, \cdots, 0) = 0$ をみたすベキ級数 $P \in K[[X_1, \cdots, X_n]]$ に対して

$$(1 - P) \sum_{i=0}^{\infty} P^i = 1$$

が成り立つ. したがって

$$\frac{1}{1 - P} = \sum_{i=0}^{\infty} P^i$$

である.

A2.2 収束ベキ級数と優級数

α を中心とするベキ級数 $\sum\limits_{i=0}^{\infty} a_i (x - \alpha)^i$ に対して収束半径 $R \in [0, \infty]$ が存在し次が成り立った.

(1) 任意の $r < R$ に対してベキ級数は $\overline{D}(\alpha; r)$ で絶対一様収束する.

(2) $x \notin \overline{D}(\alpha; R)$ で発散する.

ここで $\overline{D}(\alpha; r)$ は α を中心とする半径 r の閉円板である. 開円板は $D(\alpha; r)$ と表す. 以上によりベキ級数は $D(\alpha; R)$ 上の関数とみなせる.

定義 A2.8 形式的ベキ級数 $\sum\limits_{i=0}^{\infty} a_i X^i \in \mathbb{C}[[X]]$ に対して $\sum\limits_{i=0}^{\infty} a_i (x - \alpha)^i$ が正の収束半径をもつとき, $\sum\limits_{i=0}^{\infty} a_i X^i$ は**収束ベキ級数**であるという. この定義は α

182 付録 A2 ベキ級数と有理型関数

の値によらないことに注意する. 形式的ベキ級数 f, g が収束ベキ級数なら $f + g, fg$ も収束ベキ級数である. したがって, 収束ベキ級数全体を $\mathbb{C}\{X\}$ と表すと, $\mathbb{C}\{X\}$ は $\mathbb{C}[[X]]$ の部分環である. これを**収束ベキ級数環**という.

ベキ級数と正則関数の間には次のような関係があった.

定理 A2.9 $f(x) = \sum_{i=0}^{\infty} a_i(x - \alpha)^i$ が正の収束半径 R をもつとする. このとき $f(x)$ は $D(\alpha; R)$ で正則であり,

$$f'(x) = \sum_{i=1}^{\infty} ia_i(x - \alpha)^{i-1}$$

が成り立つ.

系 A2.10 $r > 0$ とする. $D(\alpha; r)$ で

$$\sum_{i=0}^{\infty} a_i(x - \alpha)^i = \sum_{i=0}^{\infty} b_i(x - \alpha)^i$$

が成り立つなら, $a_i = b_i$ $(i = 0, 1, 2, \cdots)$ である.

定理 A2.11 $R \in (0, \infty]$ とする. $D(\alpha; R)$ で正則な関数 $f(x)$ は $D(\alpha; R)$ において

$$f(x) = \sum_{i=0}^{\infty} a_i(x - \alpha)^i$$

と表せる. この表示は一意的である.

以上より, 正則関数は収束ベキ級数に次のように対応する.

系 A2.12 $R \in (0, \infty]$ のとき, $D(\alpha; R)$ で正則な関数全体を $H(D(\alpha; R))$ と表す. $f(x) \in H(D(\alpha; R))$ に対して表示 $f(x) = \sum_{i=0}^{\infty} a_i(x - \alpha)^i$ により $\sum_{i=0}^{\infty} a_i X^i \in \mathbb{C}\{X\}$ を対応させる写像は単射準同型である. したがって

$$H(D(\alpha; R)) \hookrightarrow \mathbb{C}\{X\} \subset \mathbb{C}[[X]] \subset \mathbb{C}((X))$$

のように考えられる.

定義 A2.13 $f = \sum\limits_{i=0}^{\infty} a_i X^i \in \mathbb{C}[[X]]$ に対して，$g = \sum\limits_{i=0}^{\infty} b_i X^i \in \mathbb{R}[[X]]$ が $|a_i| \le b_i\ (i = 0, 1, 2, \cdots)$ をみたすとき，g を f の**優級数**といい，$f \ll g$ と表す．

定理 A2.14　上の定義において，g が収束ベキ級数なら f も収束ベキ級数である．

証明　$\sum\limits_{i=0}^{\infty} b_i x^i$ の収束半径を R とすると，$R \in (0, \infty]$ である．$\beta \in D(0; R)$ とし，$f_n = \sum\limits_{i=0}^{n} a_i \beta^i,\ h_n = \sum\limits_{i=0}^{n} b_i |\beta|^i$ とおくと，$n > m$ に対して

$$
\begin{aligned}
|f_n - f_m| &= |a_{m+1}\beta^{m+1} + \cdots + a_n\beta^n| \\
&\le b_{m+1}|\beta|^{m+1} + \cdots + b_n|\beta|^n \\
&= h_n - h_m
\end{aligned}
$$

が成り立つ．$\sum\limits_{i=0}^{\infty} b_i x^i$ は $x = \beta$ で絶対収束するから，$\{h_n\}$ はコーシー列であり，よって $\{f_n\}$ もコーシー列であるから収束する．したがって $\sum\limits_{i=0}^{\infty} a_i x^i$ は $D(0; R)$ で収束する．　　　　　　　　　　　　　　　　　　　　　　　　　　　　$\square$

補題 A2.15　$a \in \mathbb{C}^{\times}$ のとき

$$
\frac{1}{X - a} = -\frac{1}{a} \sum_{i=0}^{\infty} \frac{1}{a^i} X^i
$$

であり，これは収束ベキ級数である．

証明　右辺を f とおくと，

$$
Xf = -\frac{1}{a} \sum_{i=1}^{\infty} \frac{1}{a^{i-1}} X^i = -\sum_{i=1}^{\infty} \frac{1}{a^i} X^i,
$$

$$
-af = \sum_{i=0}^{\infty} \frac{1}{a^i} X^i = 1 + \sum_{i=1}^{\infty} \frac{1}{a^i} X^i
$$

より

$$
(X - a)f = Xf - af = 1
$$

184　付録 A2　ベキ級数と有理型関数

である．したがって $f = 1/(X - a)$ が成り立つ．また，

$$\sum_{i=0}^{\infty} \frac{1}{a^i} x^i = \sum_{i=0}^{\infty} \left(\frac{x}{a} \right)^i$$

は等比級数であるから，$|x| < |a|$ で収束する．　□

定理 A2.16　$f = \sum_{i=0}^{\infty} a_i X^i \in \mathbb{C}[[X]]$ とする．このとき $f \in \mathbb{C}(X)$ なら $f \in \mathbb{C}\{X\}$ である．

証明
$$f = \frac{P}{Q}, \quad P, Q \in \mathbb{C}[X]$$

と表す．ここで P, Q は互いに素で Q はモニックであるとする．もし $X \mid Q$ なら

$$\mathrm{ord}\, P = \mathrm{ord}\, fQ = \mathrm{ord}\, f + \mathrm{ord}\, Q \geq \mathrm{ord}\, Q \geq 1$$

より $X \mid P$ となり矛盾する．したがって $X \nmid Q$ である．

$$Q = (X - a_1) \cdots (X - a_n), \quad a_k \in \mathbb{C}^{\times}$$

と表すと，

$$f = P \prod_{k=1}^{n} \frac{1}{X - a_k}$$

と表せる．補題より $1/(X - a_k) \in \mathbb{C}\{X\}$ であるから，$f \in \mathbb{C}\{X\}$ がわかる．　□

A2.3　有理型関数

定義 A2.17　$\alpha \in \mathbb{C}$, $R \in (0, \infty]$ とする．写像 $f\colon D(\alpha; R) \to \mathbb{C} \cup \{\infty\}$ が $D(\alpha; R)$ 上の**有理型関数**であるとは，各 $\beta \in D(\alpha; R)$ において次が成り立つことである．

(1) $f(\beta) \neq \infty$ のとき，ある $r > 0$ が存在して

$$f(x) = \sum_{i=0}^{\infty} a_i (x - \beta)^i \quad (x \in D(\beta; r))$$

と表せる．

(2) $f(\beta) = \infty$ のとき，ある $r > 0$，$m \geq 1$ が存在して

$$f(x) = \sum_{i=-m}^{\infty} a_i(x-\beta)^i, \quad a_{-m} \neq 0 \quad (x \in D(\beta; r) \setminus \{\beta\})$$

と表せる．

系 A2.10 より (1) の表示は一意的である．(2) の表示も一意的であることを示そう．

定理 A2.18 定義の (2) の表示は一意的である．

証明 ある $r' > 0$，$m' \geq 1$ があって

$$f(x) = \sum_{i=-m'}^{\infty} b_i(x-\beta)^i, \quad b_{-m'} \neq 0 \quad (x \in D(\beta; r') \setminus \{\beta\})$$

とも表せるとする．$m \geq m'$ としてよい．$r_0 = \min\{r, r'\}$ とおき，

$$g(x) = \begin{cases} (x-\beta)^m f(x) & (x \in D(\beta; r_0) \setminus \{\beta\}), \\ a_{-m} & (x = \beta), \end{cases}$$

$$h(x) = \begin{cases} (x-\beta)^{m'} f(x) & (x \in D(\beta; r_0) \setminus \{\beta\}), \\ b_{-m'} & (x = \beta) \end{cases}$$

と定めると，$x \in D(\beta; r_0)$ に対して

$$g(x) = \sum_{i=0}^{\infty} a_{i-m}(x-\beta)^i, \quad h(x) = \sum_{i=0}^{\infty} b_{i-m'}(x-\beta)^i$$

と表せる．したがって $f(x), g(x) \in H(D(\beta; r_0))$ である．$x \neq \beta$ で $g(x) = (x-\beta)^{m-m'}h(x)$ であり，$g(x)$ と $h(x)$ は $x = \beta$ で連続であるから，極限をとれば $m = m'$ がわかる．これより

$$g(\beta) = \lim_{x \to \beta} g(x) = \lim_{x \to \beta} h(x) = h(\beta)$$

が成り立つから，β を含めて $g(x) = h(x)$ $(x \in D(\beta; r_0))$ となり，上のベキ級数展開から $a_i = b_i$ $(i = -m, -m+1, \cdots)$ を得る． □

186 付録 A2 ベキ級数と有理型関数

定義 A2.19 前述の定義において，(1) が成り立ち $m = \min\{i \mid a_i \neq 0\}$ が正の整数であるとき，β を f の**位数 m の零点**という．$a_0 = a_1 = \cdots = 0$ のときは**位数 ∞ の零点**という．(2) が成り立つとき β を f の**位数 m の極**という．また，$D(\alpha; R)$ 上の有理型関数全体を $M(D(\alpha; R))$ と表す．$H(D(\alpha; R)) \subset M(D(\alpha; R))$ が成り立つ.

$M(D(\alpha; R))$ に加法と乗法を入れよう.

定義 A2.20 $f \in M(D(\alpha; R))$，$\beta \in D(\alpha; R)$ に対して，一意的な表示

$$f(x) = \begin{cases} \displaystyle\sum_{i=0}^{\infty} a_i(x-\beta)^i & (f(\beta) \neq \infty), \\ \displaystyle\sum_{i=-m}^{\infty} a_i(x-\beta)^i,\ m \geq 1,\ a_{-m} \neq 0 & (f(\beta) = \infty) \end{cases}$$

が存在する．$\phi_\beta(f) = \sum_i a_i X^i \in \mathbb{C}((X))$ により $\phi_\beta \colon M(D(\alpha; R)) \to \mathbb{C}((X))$ を定義する．$f(\beta) \neq \infty$ なら $(\phi_\beta(f))(0) = a_0 = f(\beta)$ が成り立つ．$f, g \in M(D(\alpha; R))$ に対して加法および乗法を次のように定める.

$$\phi_\beta(f) + \phi_\beta(g) = \sum_i c_i X^i,$$

$$\phi_\beta(f)\phi_\beta(g) = \sum_i d_i X^i$$

とおいたとき，

$$(f+g)(\beta) = \begin{cases} c_0 & (\mathrm{ord}(\phi_\beta(f) + \phi_\beta(g)) \geq 0), \\ \infty & (\mathrm{ord}(\phi_\beta(f) + \phi_\beta(g)) < 0), \end{cases}$$

$$(fg)(\beta) = \begin{cases} d_0 & (\mathrm{ord}\,\phi_\beta(f)\phi_\beta(g) \geq 0), \\ \infty & (\mathrm{ord}\,\phi_\beta(f)\phi_\beta(g) < 0) \end{cases}$$

と定義する．$f+g, fg \in M(D(\alpha; R))$ が成り立つことを示そう．$\gamma \in D(\alpha; R)$ に対して，$f(\gamma) \neq \infty$ かつ $g(\gamma) \neq \infty$ のとき $\mathrm{ord}\,\phi_\gamma(f) \geq 0$ かつ $\mathrm{ord}\,\phi_\gamma(g) \geq 0$ であるから

$$(f+g)(\gamma) = f(\gamma) + g(\gamma), \quad (fg)(\gamma) = f(\gamma)g(\gamma)$$

が成り立つことに注意する.

$$\phi_\beta(f) = \sum_i a_i X^i, \quad \phi_\beta(g) = \sum_i b_i X^i$$

とおく. ある $r > 0$ が存在して

$$f(x) = \sum_i a_i (x - \beta)^i, \quad g(x) = \sum_i b_i (x - \beta)^i \quad (x \in D(\beta; r) \setminus \{\beta\})$$

が成り立つ. 特に $x \in D(\beta; r) \setminus \{\beta\}$ に対して $f(x) \neq \infty$, $g(x) \neq \infty$ であり, 絶対収束する. したがって $x \in D(\beta; r) \setminus \{\beta\}$ に対して

$$(f + g)(x) = f(x) + g(x) = \sum_i a_i (x - \beta)^i + \sum_i b_i (x - \beta)^i$$
$$= \sum_i (a_i + b_i)(x - \beta)^i = \sum_i c_i (x - \beta)^i,$$

$$(fg)(x) = f(x)g(x) = \sum_i \left(\sum_k a_k b_{i-k} \right) (x - \beta)^i = \sum_i d_i (x - \beta)^i$$

が成り立つ. $\mathrm{ord}(\phi_\beta(f) + \phi_\beta(g)) \geq 0$ のとき加法の定義より $(f + g)(\beta) = c_0$ であるから

$$(f + g)(x) = \sum_{i=0}^\infty c_i (x - \beta)^i \quad (x \in D(\beta; r))$$

となり, 有理型関数の定義の条件 (1) をみたす. $\mathrm{ord}(\phi_\beta(f) + \phi_\beta(g)) = -m < 0$ のときは $(f + g)(\beta) = \infty$ であるから定義の条件 (2) をみたす. 以上より $f + g \in M(D(\alpha; R))$ を得る. $fg \in M(D(\alpha; R))$ についても同様である.

定理 A2.21 $f \in M(D(\alpha; R))$ とし,

$$Z(f) = \{\beta \in D(\alpha; R) \mid f(\beta) = 0\},$$
$$P(f) = \{\beta \in D(\alpha; R) \mid f(\beta) = \infty\}$$

とおく. このとき $Z(f) = D(\alpha; R)$ であるか, または $Z(f)$ は $D(\alpha; R)$ の中に集積点をもたない.

証明 まず $\beta \in P(f)$ は $Z(f)$ の集積点ではないことに注意する. 実際 $\beta \in P(f)$ に対しては, ある $r > 0$, $m \geq 1$ が存在して

$$f(x) = \sum_{i=-m}^{\infty} a_i (x - \beta)^i, \quad a_{-m} \neq 0 \quad (x \in D(\beta; r) \setminus \{\beta\})$$

と一意的に表せる. $h(x) = \sum_{i=0}^{\infty} a_{i-m}(x - \beta)^i \ (x \in D(\beta; r))$ とおくと, $h(x) \in H(D(\beta; r))$ であり,

$$f(x) = \frac{h(x)}{(x - \beta)^m} \quad (x \in D(\beta; r) \setminus \{\beta\})$$

が成り立つ. $h(x)$ は $D(\beta; r)$ で連続であるから, $h(\beta) = a_{-m} \neq 0$ より, ある $\rho > 0$ が存在して $h(x) \neq 0 \ (x \in D(\beta; \rho))$ が成り立つ. よって $x \in D(\beta; \rho) \setminus \{\beta\}$ に対して $f(x) \neq 0$ である. つまり β は $Z(f)$ の集積点ではない.

以上のことを踏まえて, A を $Z(f)$ の $D(\alpha; R)$ の中の集積点全体とすると, $A \subset D(\alpha; R) \setminus P(f)$ であることがわかる. f は $D(\alpha; R) \setminus P(f)$ で連続であるから, $A \subset Z(f)$ が成り立つ. $\beta \in A$ とすると, ある $r > 0$ が存在して

$$f(x) = \sum_{i=0}^{\infty} a_i (x - \beta)^i \quad (x \in D(\beta; r))$$

と一意的に表せる. ここで $a_i \neq 0$ なる i があると仮定すると, $m = \min\{i \mid a_i \neq 0\}$ とおいて

$$f(x) = \sum_{i=m}^{\infty} a_i (x - \beta)^i = (x - \beta)^m \sum_{i=0}^{\infty} a_{i+m}(x - \beta)^i \quad (x \in D(\beta; r))$$

と表せる. $h(x) = \sum_{i=0}^{\infty} a_{i+m}(x - \beta)^i \ (x \in D(\beta; r))$ とおくと, $h(x) \in H(D(\beta; r))$ であり, $h(\beta) = a_m \neq 0$ であるから, ある $\rho > 0$ が存在して $h(x) \neq 0 \ (x \in D(\beta; \rho))$ が成り立つ. したがって

$$f(x) = (x - \beta)^m h(x) \neq 0 \quad (x \in D(\beta; \rho) \setminus \{\beta\})$$

となり, β が $Z(f)$ の集積点であることに反する. 以上の議論から $a_0 = a_1 = \cdots = 0$ であることがわかった. このとき $f(x) = 0 \ (x \in D(\beta; r))$ が成り立つから, $D(\beta; r) \subset Z(f)$ となり, よって $D(\beta; r) \subset A$ である. つまり A は開集合である. 一方, 定義より $D(\alpha; R) \setminus A$ は開集合であるから, $D(\alpha; R)$ において A は閉集合である. $D(\alpha; R)$ は連結であるから, $A = D(\alpha; R)$ または $A = \varnothing$ である. 前者のとき, $A \subset Z(f)$ より $Z(f) = D(\alpha; R)$ となる. $\square$

A2.3 有理型関数　189

系 A2.22 (一致の定理) $f, g \in M(D(\alpha; R))$ とする. $\beta \in D(\alpha; R)$ に収束する数列 $\{\beta_n\}_{n=1}^{\infty} \subset D(\alpha; R)$ $(\beta_n \neq \beta)$ であって, $n = 1, 2, \cdots$ に対して $f(\beta_n) = g(\beta_n)$ をみたすものがあれば, $f = g$ である.

証明　$h = f + (-1)g \in M(D(\alpha; R))$ とおく. 有理型関数の定義より f, g は β の近傍で β 以外の極をもたないから, $f(\beta_n) \neq \infty$, $g(\beta_n) \neq \infty$ $(n = 1, 2, \cdots)$ と仮定してよい. すると,

$$h(\beta_n) = f(\beta_n) + (-1)g(\beta_n) = 0$$

となるから, β は $Z(h)$ の集積点である. したがって, 定理より $Z(h) = D(\alpha; R)$, つまり $h(x) = 0$ $(x \in D(\alpha; R))$ がわかる. 次に, 任意の $\gamma \in D(\alpha; R)$ に対して $f(\gamma) = g(\gamma)$ が成り立つことを示そう.

(i) $g(\gamma) \neq \infty$ のとき, $((-1)g)(\gamma) = (-1)g(\gamma) \neq \infty$ である. このとき, もし $f(\gamma) = \infty$ なら $\operatorname{ord}\phi_\gamma(f) < 0$ かつ $\operatorname{ord}\phi_\gamma((-1)g) \geq 0$ より

$$\operatorname{ord}(\phi_\gamma(f) + \phi_\gamma((-1)g)) < 0$$

であるから, $h(\gamma) = (f + (-1)g)(\gamma) = \infty$ となり矛盾. したがって $f(\gamma) \neq \infty$ であり,

$$f(\gamma) + (-1)g(\gamma) = h(\gamma) = 0,$$

$$f(\gamma) = g(\gamma)$$

を得る.

(ii) $g(\gamma) = \infty$ のとき,

$$\operatorname{ord}(\phi_\gamma(-1)\phi_\gamma(g)) = \operatorname{ord}\phi_\gamma(-1) + \operatorname{ord}\phi_\gamma(g) = \operatorname{ord}\phi_\gamma(g) < 0$$

より $((-1)g)(\gamma) = \infty$ である. このとき, もし $f(\gamma) \neq \infty$ なら $\operatorname{ord}\phi_\gamma(f) \geq 0$ かつ $\operatorname{ord}\phi_\gamma((-1)g) < 0$ より

$$\operatorname{ord}(\phi_\gamma(f) + \phi_\gamma((-1)g)) < 0$$

であるから, $h(\gamma) = (f + (-1)g)(\gamma) = \infty$ となり矛盾. したがって, $f(\gamma) = g(\gamma) = \infty$ である.

以上より $f = g$ を得る.　□

190 付録 A2 ベキ級数と有理型関数

系 A2.23 (一致の定理の簡易版) $f, g \in M(D(\alpha; R))$, $\beta \in D(\alpha; R)$ とする. ある $r > 0$ が存在して $f(x) = g(x)$ $(x \in D(\beta; r) \setminus \{\beta\})$ が成り立つなら, $f = g$ である.

証明 $\beta_n = \beta + 2^{-n}r$ $(n = 1, 2, \cdots)$ とおくと, $\beta_n \in D(\beta; r) \setminus \{\beta\}$ であり, β_n は β に収束する. $f(\beta_n) = g(\beta_n)$ が成り立つから, 一致の定理より $f = g$ である. □

系 A2.24 $f \in M(D(\alpha; R)) \setminus \{0\}$ の零点の位数はすべて整数である.

証明 位数 ∞ の零点 β が存在すれば, β の近傍で $f(x) = 0$ が恒等的に成り立つから, $f = 0$ である. □

定理 A2.25 任意の $f \in M(D(\alpha; R)) \setminus \{0\}$ に対してある $g \in M(D(\alpha; R))$ が存在して, $fg = 1$ および

$$f(x) \neq \infty \text{ かつ } f(x) \neq 0 \Longrightarrow g(x) = \frac{1}{f(x)} \quad (x \in D(\alpha; R))$$

が成り立つ.

証明 $x \in D(\alpha; R)$ に対して

$$g(x) = \begin{cases} \dfrac{1}{f(x)} & (f(x) \neq \infty \text{ かつ } f(x) \neq 0), \\ \infty & (f(x) = 0), \\ 0 & (f(x) = \infty) \end{cases}$$

と定める. まず $g \in M(D(\alpha; R))$ を示そう. $\beta \in D(\alpha; R)$ とする. ある $r > 0$, $m \in \mathbb{Z}$ が存在して

$$f(x) = \sum_{i=m}^{\infty} a_i(x - \beta)^i, \quad a_m \neq 0 \quad (x \in D(\beta; r) \setminus \{\beta\})$$

と一意的に表せる. $h(x) = \sum_{i=0}^{\infty} a_{i+m}(x - \beta)^i$ $(x \in D(\beta; r))$ とおくと, $h(x) \in$

$H(D(\beta; r))$ であり,

$$f(x) = (x - \beta)^m h(x) \quad (x \in D(\beta; r) \setminus \{\beta\})$$

が成り立つ. $h(x)$ は $D(\beta; r)$ で連続であり, $h(\beta) = a_m \neq 0$ であるから, ある $0 < \rho < r$ が存在して $h(x) \neq 0$ $(x \in D(\beta; \rho))$ となる. これより $1/h(x) \in H(D(\beta; \rho))$ であり,

$$\frac{1}{h(x)} = \sum_{i=0}^{\infty} b_i (x - \beta)^i \quad (x \in D(\beta; \rho))$$

と表せる. ここで $h(\beta) = a_m$ より $b_0 = a_m^{-1} \neq 0$ である. $x \in D(\beta; \rho) \setminus \{\beta\}$ に対して, $f(x) \neq \infty$ かつ $f(x) \neq 0$ であるから,

$$g(x) = \frac{1}{f(x)} = (x - \beta)^{-m} \sum_{i=0}^{\infty} b_i (x - \beta)^i$$
$$= \sum_{i=-m}^{\infty} b_{i+m} (x - \beta)^i, \quad b_0 \neq 0$$

が成り立つ. $f(\beta) \neq \infty$ かつ $f(\beta) \neq 0$ のとき, $m = 0$ であり

$$g(\beta) = \frac{1}{f(\beta)} = a_0^{-1} = b_0$$

であるから, g は β において有理型関数の定義の条件 (1) をみたす. $f(\beta) = 0$ のときは $m > 0$ であり, $g(\beta) = \infty$ であるから, 条件 (2) をみたす. 最後に $f(\beta) = \infty$ のときは $m < 0$ であり, $g(\beta) = 0$ であるから, 条件 (1) をみたす. 以上により $g \in M(D(\alpha; R))$ を得る.

$fg = 1$ は次のようにしてわかる. $\alpha \in D(\alpha; R)$ に対して上述の議論をみると, ある $\rho > 0$ が存在して $x \in D(\alpha; \rho) \setminus \{\alpha\}$ に対して $f(x) \neq \infty$ かつ $f(x) \neq 0$ が成り立つことがわかる. この x に対しては定義より $g(x) = 1/f(x)$ であるから,

$$(fg)(x) = f(x)g(x) = 1 \quad (x \in D(\alpha; \rho) \setminus \{\alpha\})$$

が成り立つ. したがって一致の定理より $fg = 1$ である. □

定理 A2.26 $M(D(\alpha; R))$ は体であり, $f \in M(D(\alpha; R))$ の加法の逆元は $(-1)f$ である. なお, $H(D(\alpha; R))$ は $M(D(\alpha; R))$ の部分環である.

証明 $f, g, h \in M(D(\alpha; R))$ に対して $(f+g)+h = f+(g+h)$ であること
のみ示す. 他は同様である. 有理型関数の定義より, ある $r > 0$ が存在して

$$f(x) \neq \infty, \; g(x) \neq \infty, \; h(x) \neq \infty \quad (x \in D(\alpha; r) \setminus \{\alpha\})$$

が成り立つ. したがって $x \in D(\alpha; r) \setminus \{\alpha\}$ に対して

$$((f+g)+h)(x) = (f+g)(x) + h(x) = f(x) + g(x) + h(x)$$
$$= f(x) + (g+h)(x) = (f+(g+h))(x)$$

となるから, 一致の定理より $(f+g)+h = f+(g+h)$ を得る. $\qquad\square$

注意 A2.27 $M(D(\alpha; R))$ が体であるから, $D(\alpha; R)$ 上の正則関数の比を
$D(\alpha; R)$ 上の有理型関数とみなせる. 逆に, $D(\alpha; R)$ 上の有理型関数は $D(\alpha; R)$
上の正則関数の比で表せることが知られている. 詳しくは関数論の本（例えば
Rudin [32]）を見よ.

付録 A3

可逆閉包の存在

　ここでは定理 3.12 の別証明を紹介する．集合の濃度を用いる．差分体 $\mathcal{K} = (K, \tau)$ に対して，集合 S を $K \subset S$ かつ $|K| < |S|$ であるものとする．S の部分集合であって，適当な演算により $\mathcal{K}$ の差分拡大体となるものを考える．そのような $\mathcal{L} = (L, \tau')$ のうち，任意の $a \in L$ に対してある $n \geq 0$ があって $\tau'^n a \in K$ が成り立つもの全体の集合を A とおく．$\mathcal{K} \in A$ より $A \neq \varnothing$ である．$\mathcal{K}_1 \leq \mathcal{K}_2$ を $\mathcal{K}_2 / \mathcal{K}_1$ が差分拡大であることとすると，A は帰納的半順序集合になるから，ツォルンの補題より A の極大元 $\mathcal{K}^* = (K^*, \tau^*)$ が存在する．A の定義より $\mathcal{K}^*$ は条件 (2) をみたす．

　$\mathcal{K}^*$ が可逆であることを示そう．τ^* は K^* から $\tau^* K^*$ の上への同型であり，K^* は $\tau^* K^*$ の拡大体であるから，K^* のある拡大体 L が存在して τ^* は L から K^* の上への同型 τ' に拡張される．$\mathcal{L} = (L, \tau')$ は $\mathcal{K}^*$ の差分拡大体である．

$$|L| = |K^*| \leq |K \times \mathbb{N}| = |K| < |S|$$

より，単射 $\phi \colon L \to S$ であって $\phi|_{K^*} = \mathrm{id}$ をみたすものが存在する．$\phi(L)$ は $\mathcal{L}$ の演算により自然に $\mathcal{K}^*$ の差分拡大体になる．これは A の元であるから，$\mathcal{K}^*$ の極大性より $\phi(L) = K^*$ を得る．したがって $L = K^*$ であり，$\tau^* K^* = K^*$ が成り立つ． $\square$

参考文献

[1] 秋月康夫, 中井喜和, 永田雅宜. 代数幾何学. 岩波書店, 1987.

[2] A. Bialynicki-Birula. On galois theory of fields with operators. *Amer. J. Math.*, Vol. 84, pp. 89–109, 1962.

[3] G. Boole. *A treatise on the calculus of finite differences.* Cambridge Library Collection. Cambridge University Press, Cambridge, 2009. Reprint of the 1860 original.

[4] R. Cohn. *Difference algebra.* Interscience Publishers, 1965.

[5] D. Duverney. 数論. 森北出版, 2006. 塩川宇賢 訳.

[6] C.H. Franke. Picard-Vessiot theory of linear homogeneous difference equations. *Trans. Am. Math. Soc.*, Vol. 108, pp. 491–515, 1963.

[7] C.H. Franke. Solvability of linear homogeneous difference equations by elementary operations. *Proc. Am. Math. Soc.*, Vol. 17, pp. 240–246, 1966.

[8] T. Hamamoto, K. Kajiwara, and N.S. Witte. Hypergeometric solutions to the q-Painlevé equation of type $(A_1 + A_1')^{(1)}$. *Int. Math. Res. Not.*, 2006. Article ID 84619.

[9] 本田欣哉, 永田雅宜. アーベル群・代数群. 共立出版, 1969.

[10] I. Kaplansky. *An introduction to differential algebra.* Hermann, 1957.

[11] M. Karr. Summation in finite terms. *J. ACM*, Vol. 28, pp. 305–350, 1981.

[12] E.R. Kolchin. Galois theory of differential fields. *Amer. J. Math.*, Vol. 75, pp. 753–824, 1953.

[13] A.B. Levin. *Difference algebra.* New York, NY: Springer, 2008.

[14] 永田雅宜. 可換体論（新版）. 裳華房, 1967.

[15] Ke. Nishioka. A note on the transcendency of Painlevé's first transcendent. *Nagoya Math. J.*, Vol. 109, pp. 63–67, 1988.

[16] 西岡久美子. Jordan 標準形のわかり易い求め方. 数学, Vol. 55, pp. 424–429, 2003.

[17] 西岡久美子. 微分体の理論. 共立出版, 2010.

[18] 西岡久美子. 超越数とはなにか. 講談社, 2015.

[19] Ku. Nishioka and S. Nishioka. Algebraic theory of difference equations and Mahler functions. *Aequationes Math.*, Vol. 84, No. 3, pp. 245–259, 2012.

[20] S. Nishioka. Difference algebra associated to the q-Painlevé equation of type $A_7^{(1)}$. *RIMS Kôkyûroku Bessatsu*, Vol. B10, pp. 167–176, 2008.

[21] S. Nishioka. Decomposable extensions of difference fields. *Funkc. Ekvacioj, Ser. Int.*, Vol. 53, No. 3, pp. 489–501, 2010.

[22] S. Nishioka. Algebraic independence of solutions of first-order rational difference equations. *Results in Mathematics*, Vol. 64, pp. 423–433, 2013.

[23] S. Nishioka. Proof of unsolvability of q-Bessel equation using valuations. *J. Math. Sci., Tokyo*, Vol. 23, No. 4, pp. 763–789, 2016.

[24] S. Nishioka. Transcendence of solutions of q-Airy equation. *Josai Mathematical Monographs*, Vol. 10, pp. 129–137, 2017.

[25] S. Nishioka. Irreducibility of discrete Painlevé equation of type $D_7^{(1)}$. *Funkcial. Ekvac.*, to appear.

[26] 岡本和夫. パンルヴェ方程式. 岩波書店, 2009.

[27] A. Ovchinnikov and M. Wibmer. σ-Galois theory of linear difference equations. *Int. Math. Res. Notices*, Vol. 12, pp. 3962–4018, 2015.

[28] H. Poincaré. Sur une classe nouvelle de transcendantes uniformes. *Journal de mathématiques pures et appliquées 4e série*, Vol. 6, pp. 313–366, 1890.

[29] A. Ramani and B. Grammaticos. Discrete Painlevé equations: coalescences, limits and degeneracies. *Physica A*, Vol. 228, pp. 160–171, 1996.

[30] M. Rosenlicht. Liouville's theorem on functions with elementary integrals. *Pacific J. Math.*, Vol. 24, pp. 153–161, 1968.

[31] M. Rosenlicht. An analogue of l'Hospital's rule. *Proc. Am. Math. Soc.*, Vol. 37, pp. 369–373, 1973.

[32] W. Rudin. *Real and complex analysis*. McGraw-Hill Book Co., New York, third edition, 1987.

[33] H. Sakai. Rational surfaces associated with affine root systems and geometry of the Painlevé equations. *Comm. Math. Phys.*, Vol. 220, pp. 165–229, 2001.

[34] H. Sakai. Problem : discrete Painlevé equations and their lax forms. *RIMS Kôkyûroku Bessatsu*, Vol. B2, pp. 195–208, 2007.

[35] C. Schneider. Structural theorems for symbolic summation. *AAECC*, Vol. 21, pp. 1–32, 2010.

[36] 塩川宇賢. 無理数と超越数. 森北出版, 1999.

[37] H. Stichtenoth. *Algebraic Function Fields and Codes Second Edition*. Springer-Verlag Berlin Heidelberg, 2008.

[38] 杉山昌平. 差分方程式入門. 森北出版, 1969.

[39] H. Umemura. On the irreducibility of the first differential equation of Painlevé. *Algebraic Geometry and Commetative Algebra in Honor of Masayoshi NAGATA*, pp. 771–789, 1987.

[40] 梅村浩. Painlevé 方程式の既約性について. 数学, Vol. 40, No. 1, pp. 47–61, 1988.

[41] M. van der Put and M.F. Singer. *Galois theory of difference equations*. Berlin: Springer, 1997.

[42] M. Wibmer. Geometric difference galois theory. PhD thesis, Heidelberg, 2010.

[43] O. Zariski and P. Samuel. *Commutative Algebra I*. Springer-Verlag New York, 1958.

索 引

英数先頭

1 階線形差分方程式　44

1 階線形差分方程式系　153

1 変数代数関数体　77

$A\Pi\Sigma^*$ 拡大　94

Casorati 行列式　138

Clairault 型差分方程式　44

decomposable extension　134

free　72

invariant　43, 94

inversive closure　68

inversive difference field　64

Jordan 標準形　175

$LF^{(p)}$ 拡大　101

linearly disjoint　69

Liouville-Franke 拡大　101

Liouville 拡大　100

Liouville の定理　21

$\Pi\Sigma^*$ 拡大　94

Poincaré の乗法公式　52

Poincaré の優級数　54

PV 環　153

q-Airy 方程式　121

q-shift operator　51

quasi-inversive difference field　65

q 差分方程式　51

q 変換作用素　51

Riccati 化　106

Riemann-Hurwitz の種数公式　80

strongly normal extension　133

transform　64

transforming operator　64

underlying field　64

underlying ring　64

universal extension　148

あ 行

位数　177

　極の――　3, 186

　零点の――　3, 186

一致の定理　189, 190

梅村古典関数　132

か 行

解　106

階乗関数　37

階数　43

可逆差分体　64

可逆閉包　68, 69

拡張　79

関数環　151

簡約された生成系　95

基底環　64

基底体　64

基本行列　153

強正規拡大　133

極　3, 186

形式的ベキ級数　178

　n 変数の――　179

形式的ベキ級数環　179

n 変数— 179
形式的ベキ級数体 179
合成体 69
根基イデアル 151

さ 行

差分 35
　1 階— 35
　n 階— 35
差分 Riccati 方程式 107
差分イデアル 153
差分拡大 67
差分拡大環 67
差分拡大体 67
差分環 64
差分準同型写像 135, 155
差分体 64
差分中間環 67
差分中間体 67
差分同型 136, 155
差分同型写像 136
差分付値型拡大 104
差分部分環 67
差分部分体 67
差分方程式 43
収束ベキ級数 181
収束ベキ級数環 182
種数 80
準可逆差分体 65
初等拡大 20
初等関数 20
正規化 78
正規離散付値 78
制限 80
斉次 44

生成系 94
全 PV 環 164
線形差分方程式 44, 46, 48
線形無関連 69
素元 77

た 行

代数拡大 79
代数関数 1
代数的集合 150
代数的従属 7
代数的独立 7
代数的無関連 72
代数閉包 68
単純差分環 153
チャカロフ関数 52
超越拡大 7
超越関数 1
超越基底 9
超越次数 10
超越的 7
定数環 14
定数係数 2 階線形差分方程式 48
定数体 14, 77
トレース 21

な 行

ノルム 21

は 行

万有拡大 148
非可解性 100, 129
非斉次項 44
微分 13

索 引 201

微分イデアル　17
微分拡大　16
微分拡大環　16
微分拡大体　16
微分環　13
微分準同型　17
微分体　13
微分同型　17
微分付値型拡大　101
微分部分環　16
微分部分体　16
ヒルベルトの零点定理　151
付値環　77
　プレイス P の—　77
部分分数分解　4
不変関数　43
不変元　94, 153
プレイス　77
分解可能拡大　131, 134
分岐　80

分岐指数　80
ベキ級数　178, 179
変換　43, 64
　第 1—　43
　第 n—　43, 64
変換作用素　64

や 行

優級数　183
有限超越次数　9
有理型関数　184

ら 行

離散付値　77
　プレイス P に関する—　78
零点　3, 186

わ 行

和分　39

西岡斉治
にしおか・せいじ

略 歴
1984年　奈良県生まれ
2006年　東京都立大学理学部数学科卒業
2010年　東京大学大学院数理科学研究科
　　　　数理科学専攻博士課程修了
　　　　山形大学理学部数理科学科助教
　　　　山形大学理学部数理科学科准教授を経て
現　在　山形大学理学部理学科准教授

問題・予想・原理の数学 4
だいすうてきさぶんほうていしき
代数的差分方程式—差分体の応用

2019年 1月 15日　第1版第1刷発行

著者　　　西岡斉治
発行者　　横山 伸
発行　　　有限会社　数学書房
　　　　　〒101-0051　東京都千代田区神田神保町1-32-2
　　　　　TEL　03-5281-1777
　　　　　FAX　03-5281-1778
　　　　　mathmath@sugakushobo.co.jp
　　　　　振替口座　00100-0-372475
印刷・製本　精文堂印刷(株)
組版　　　アベリー
装幀　　　岩崎寿文
企画・編集　川端政晴

ⒸSeiji Nishioka 2019　Printed in Japan
ISBN 978-4-903342-44-3

問題・予想・原理の数学

加藤文元・野海正俊 編集

1. 連接層の導来圏に関わる諸問題　戸田幸伸 著

2. 周期と実数の0-認識問題 ── Kontsevich-Zagier の予想　吉永正彦 著

3. Schubert多項式とその仲間たち　前野俊昭 著

4. 代数的差分方程式 ── 差分体の応用　西岡斉治 著

〈以下続巻〉

多重ゼータ値にまつわる諸問題　大野泰生 著

Painlevé方程式　坂井秀隆 著

p進微分方程式・Rigidコホモロジー　志甫淳 著

アクセサリー・パラメーター　竹村剛一 著

非線形波動方程式　中西賢次 著

Navier-Stokes 方程式　前川泰則・澤田宙広 著

Deligne-Simpson 問題とその周辺　山川大亮 著

幾何的ボゴモロフ予想　山木壱彦 著